Essays on design 10

건축이 태어나는 순간

후지모토 소우 Sou Fujimoto 지음 · 정영희 옮김

*design*house

서문

2012. 10

《건축이 태어나는 순간》을 한국어판으로 번역 출간하게 되었습니다. 힘써 주신 모든 분들께 깊은 감사의 말씀 드립니다.

이 책은 제가 대학을 졸업한 직후부터 지금에 이르기까지, 다가올 미래의 건축에 대해 손으로 더듬더듬 모색해가며 한 발 한 발 걸어온 자취를 담은 기록입니다.

이렇게 연대순으로 묶어놓고 보니 마치 처음부터 이후의 전개를 예상하고 글을 쓴 것처럼 보일지도 모르겠다는 생각이 듭니다. 그러나 각각의 문장을 쓸 당시에는 그때 생각하던 것에 실제로 어떤 의미가 있는지, 무엇이 중요하고 또 무엇이 중요해질지 전혀 모른 채, 그저 제 감각을 믿고 하나하나의 단어에 미래를 맡기는 듯한 기분으로 썼습니다. 그런 의미에서 미래의 건축을 추구하는 여행은 여전히 진행 중입니다. 현재도 그리고 앞으로도 저는 미래

건축의 탄생을 꿈꾸며 건축적인 사고를 계속해나갈 것입니다.

그렇기 때문에 이 책은 제 건축 사고의 원점이자 시작이며, 그와 동시에 미래로 이어지는 한 줄기 빛이기도 합니다.

제게 대단히 중요한 이 책이 이렇게 번역되어 한국 독자 여러분께 가까이 다가갈 수 있게 되어 커다란 영광입니다. 건축에 뜻을 둔 한국 독자분들이 이 책을 읽고 텍스트 안에서 건축의 즐거움과 미래의 건축에 대한 희망을 조금이나마 건져 올려주신다면 행복하겠습니다.

출장차 머물고 있는 크로아티아 두브로브니크에서
후지모토 소우

1.

프리미티브 퓨처 010

네트워크 바이 워크 019

집인 동시에 도시 022

부분과 부분의 관계성에 의한 새로운 질서 025

숲 속에 펼쳐진 '약한 건축' 028

'모호한 영역의 건축'에 대한 실험 030

부분의 건축 032

모호함의 주택, 거주를 위한 지형 038

'사이'를 겉으로 드러나게 하다 040

하나의 형태, 몇 가지의 관계 042

거처 / 거리감 044

하나의 공간인 동시에 여러 장소이기도 한 곳 048

부풀어 오르는 듯한 증축의 방식 050

부분과 전체 052

사람이 살기 위한 장소를 다시 정의하다 055

의도 없는 공간 057

떨어짐과 이어짐, 그 사이의 무수한 조화 064

가능성의 지형 073

새로운 성립 076

새로운 좌표계 080

불완전함을 만들어내는 것 101

가장 정밀한 것이 가장 모호하고, 가장 질서 정연한 것이 가장 난해하다 107

관계성의 정원 / 정글의 기하학 115

도쿄에 세운 도쿄와 같은 건축 118

내부와 외부 사이의 모호한 장소 120

집, 거리, 자연이 분화되기 이전의 무언가를 향해 거슬러 올라가다 122

분화되지 않는 것 130

하나의 소재, 하나의 방식 142

공간으로만 만든 건축 144

인간이 살기 위한 장소, 그것의 총체로서의 주택 149

생태계 같은 성장 과정 159

2.

사물과 빛이 분리되기 이전의 장소 164

'이사무 노구치'라는 시간 167

절대적인 타자로서의 건축 172

영원과 일상을 이어주는 것 177

열린 완벽함 185

루이스 칸 189

도쿄의 벚꽃 194

'모호함의 건축'을 지향하며 197

공간, 질서, 약함 그리고 건축 211

새로운 '과정'을 만들어내고 싶다 218

언어와 건축 사이 242

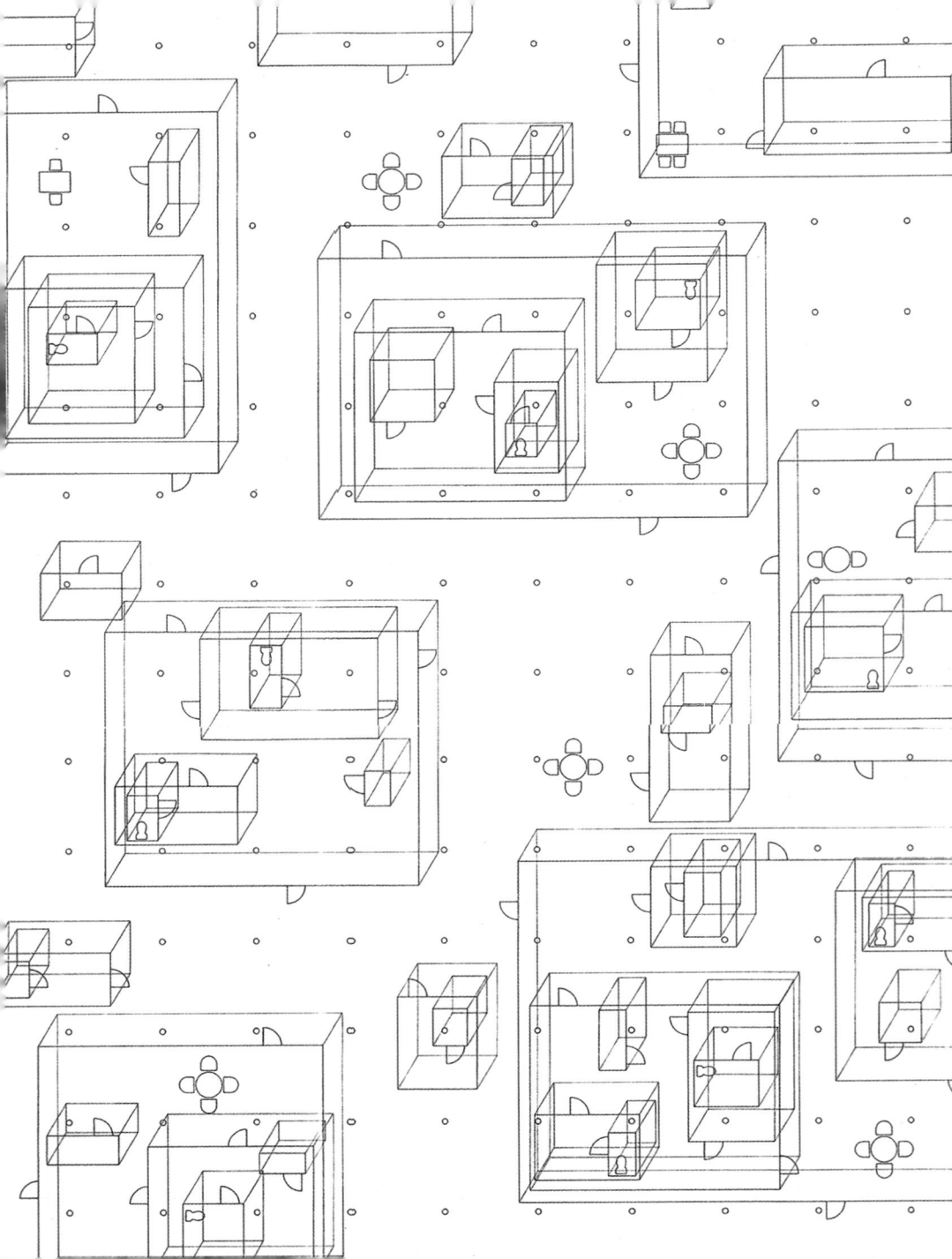

1

프리미티브 퓨처 Primitive Future

건축을 할 때는 항상 그 시대에서 보편적으로 여기는 것을 추구하고자 한다. 그러나 그것이 현대라는 시대나 건축에 대한 현재의 분석에서 탄생하는 것은 아니라고 생각한다. 또 늘 새로움을 창조해내고자 한다. 그리고 그와 동시에 그것이 언제까지나 새로운 존재로 남아주기를 바란다. 여기서 말하는 새로움이란 다가올 미래의 것을 먼저 취한다는 의미의 새로움이 아니라, 영원히 실현되지 않을 새로움이다. 그 때문에 이는 미래에 대한 예상으로는 결코 태어나지 않는다.

그와 같은 의미에서 내게 현대란 결코 현재에 도착하지 않을 미래를 향한 도약이 이루어지는 도약대와 같은 것인지도 모른다. 나는 이렇듯 현대를 단순하게 파악한다. 현대는 정보와 환경의 시대이다. 평범하고 시시하다고 생각할지도 모른다. 그러나 표면적으로 진부해진 탓에 본질이 흐려져 있다. 정보와 환경이란 무엇일까? 그것은 인터넷도 아니고 태양열 집열판도 아니다. 재활용도 아니고 직장과 주거의 변화도 아니다.

정보란 새로운 단순함이다. 환경이란 컨트롤할 수 없는 타자이다. 복잡했던 것이 단순해지고, 단순했던 것이 복잡해진다. 이전에는 모든 것이 컨트롤되었던 건축에 절대적으로 컨트롤할 수 없는 타자가 개입된다. 여기서부터 완전히 새로운 건축이 생겨난다. 복잡하고 다양한 장소를 얼마나 단순하게 만들 것인가, 하는 건축의 근원적인 문제가 새롭게 조명되고 있다.

새로운 단순함을 갖추고, 그러면서도 스스로 컨트롤할 수 없는 타자적인 요인을 허용하는 다양한 공간을 갖춘 건축이란 어떤 것일까. 나는 그것을 '미래의 숲'과 같은 공간이라 생각한다. 미래의 숲이라고 하면 나를 낭만적인 사람이라고 생각할지도 모르겠다. 그러나 여기서 말하고자 하는 바는 그런 낭만적인 것이 아니다. 나무 사이로 햇살이 비치는 아름다운 광경이나 나무가 빽빽하게 서 있는 등 숲의 직접적인 모방이 아니라, 숲의 본질적인 면, '숲과도 같은 것'을 실현할 가능성을 본다. 이는 어떤 종류의 복잡성과 단순함을 갖추고 있다. 부자유함과 계기가 충만하다. 빛이 있고 공간이 있다. 미래의 숲으로서의 건축, 그 특징을 다섯 가지로 정리해보았다.

1. 장소로서의 건축
2. 부자유함의 건축
3. 형태가 없는 건축
4. 부분의 건축

5. 사이의 건축

이 다섯 가지를 '미래의 건축을 위한 다섯 가지 질문'이라 부르기로 하자. '원칙'이 아니라 '질문'이라고 명명한 것은 지켜야 하는 규칙이 아니라 그로부터 자유롭게 전개해나가기 위한 출발점이어야 한다고 생각하기 때문이다. 각 항목을 살펴보자.

1. 장소로서의 건축

건축이란 원래 장소이기 때문에 '장소로서의 건축'이라는 말은 이상한 표현일지도 모른다. 여기서 말하는 '장소'란 '기계적인 건축', '도구로서의 건축'이란 말로 바꿀 수 있다. 기계로서의 건축이 아니라 밀도가 다양한, 머무르기 위한 장소가 바로 건축이다. 이는 단순히 공간적인 장소가 아니라, 계기나 실마리 같은 것으로 가득 차 있는 곳이다. 영어로는 '랜드스케이프'란 말로 바꿀 수 있다.

2. 부자유함의 건축

이는 아무것도 없다는 뜻의 부자유가 아니다. 인간에게 '자연'이 그러하듯, 행동을 유발하는 기분 좋은 이물감이 주는 부자유이다. 이럴 때의 부자유는 가능성이 된다.

3. 형태가 없는 건축

이는 단순히 형태의 문제만이 아니라, 건축이 기능적인 면에서나 존재적인 면에서 자율적이지 않다는 사실을 가리킨다. 완결된 상태가 아니라는 것. 불완전성이 지닌 가능성. 불완전성에서 비롯된 가능성이 있는 도시. 불완전한 것에는 받아들이는 힘이 있다. 이는 커뮤니케이션의 계기가 된다.

4. 부분의 건축

전체가 아닌 국소적인 질서를 통해 디자인하는 것으로, 건축 전체에 모호함과 불완전성, 질서가 함께 존재하게 하는 방법이다. 복잡한 것을 복잡한 대로 건축하는 것. 가장 복잡하고 모호한 것이 가장 단순한 것이라는 이야기이다.

5. 사이의 건축

이러한 '부분의 건축'에서는 분해되고 환원되는 부품은 존재하지 않는다. 부분과 부분의 관계성만이 존재한다. 공간 자체보다도 공간과 공간의 관계성, 공간과 주변의 관계성이 중요해진다. '건축은 하나의 공간이 아니다'. 그 자체로서 존재하는 것이 아니라 무언가와 무언가를 연결하는 '사이'가 건축이다. 관계성의 건축에는 예상치 못한 타자를 받아들이는 힘이 있다.

미래의 숲이라는 건축이 암시하는 것은 무엇일까? 이는 어떻게 하면 인간이 직접적인 모방을 넘어서 자연과도 같이 복잡하고 다양한 것을 만들어낼 수 있을까, 하는 질문과도 같다. 지금까지 인간이 만들 수 없었던 것, '건축가 없는 건축'이라 일컫는 것을 이제 드디어 만들어낼 수 있을지도 모른다. 단순히 자연으로 돌아가는 것이 아니라, 자연의 다양성을 재구축하는 것. 그러므로 미래는 원초적이다. 나는 그것을 '프리미티브 퓨처(원초적인 미래)'라 이름 붙였다. 원초적인 미래의 새로운 건축은 복잡함과 불확정성의 건축이다. 지금은 그것을 다룰 수 있는 시대이다. 다음 페이지에 내가 수행한 프로젝트와 내가 영향을 받은 건축을 다이어그램으로 표현했다. 그 속에는 단순함과 복잡함에 대한 다양한 관계가 표현되어 있다. 이 다이어그램은 미래에 해독되고 오독되어야 할 건축의 상형문자이다. 이는 원초적인 미래의 숲을 위한 씨앗이다.

일본 석기시대의 집 Jomon House

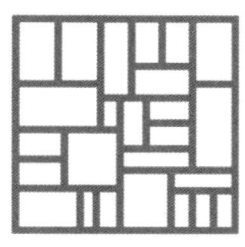

세이다이병원 Seidai Hospital 1998

바흐의 골드베르크변주곡
Goldberg Variations J.S.Bach 1742

아오모리미술관 Aomori Museum 2000

N 하우스 N house 2001

M-병원 데이 케어 병동
M-hospital Day Care House 2000

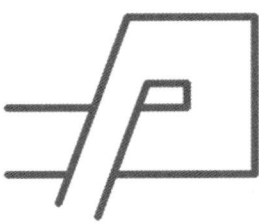

세이다이병원 작업장
Seidai Hospital Work House 1996

샤르트르 성당 Cathedrale Chartres 1250

미스 반데어로에의 베를린 뉴내셔널갤러리
New National Gallery, Berlin, Mies van der Rohe 1968

M-병원 장애인 공동 생활 주택
M-hospital Group Home 2003

도미히로미술관 Tomihiro Museum 2002

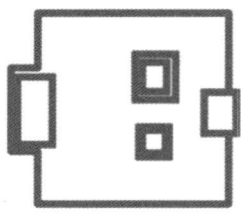

법륭사 Horyuji Temple

오라 Ora 2002

스코틀랜드 콤롱간 성
Comlongan Castle, Scotland

M-병원 작업장
M-hospital Work House 2003

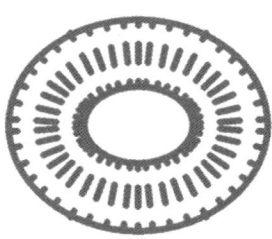

로마 콜로세움 Colosseum, Roma 80

J-프로젝트 J-project 2003

M-병원 데이 케어 병동
M-hospital Day Care House 2003

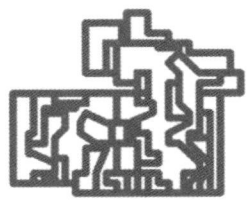

N 하우스 N house 2001

르코르뷔지에의 사라바이 주택
Villa Sarabhai le Corbusier 1955

M-병원 M-hospital 1997

루이스 I. 칸의 피셔 하우스
Fisher House, Louis. I. Kahn 1967

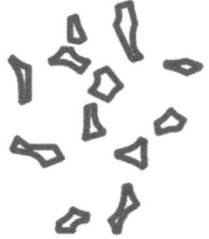

오니시 Onishi 2003

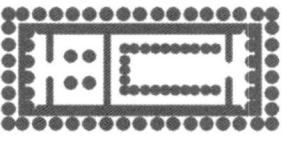

파르테논 신전 Parthenon B.C.450

네트워크 바이 워크 Network by Walk

'멀티미디어 시대의 주거 방식' 아이디어 공모전 1등 수상, 1997

도시 안에 '셀cell'이라 불리는 몇 개의 방을 각각 거리를 두고 배치한다. 이러한 셀은 하나의 주거 단위라 할 수 있다. 거주자는 분절된 이 '불완전'한 주거 단위를 자신의 다리로 '걷는다'는 행위를 통해 하나의 주거로 연결해나간다. 거주자는 필요나 기분에 따라 셀에서 셀로 걸어서 이동하며 도시 안을 이리저리 돌아다닌다. 거주자의 '걷는' 행위를 통해 도시에 형성된 '네트워크 영역'이 곧 주거이다.

이는 '열린 관계'로서의 주거에 대한 제안이다. 이 네트워크(=주거)는 도시에 대해 열려 있다. 그리고 그 도시를 매개로 타인의 네트워크(=주거)에 대해서도 열려 있다. 주거는 도시 안에서 일정한 넓이를 차지한 영역으로 인식된다. 그 영역들은 서로 겹친다. 그곳에는 기존의 도시나 주거와는 완전히 다른 새로운 장소가 생겨난다.

또 이 네트워크는 시간적 변화에 대해서도 열려 있다. 주거는 고정된 물체가 아니라 다양하게 변형되고 생성되는 살아 있는 영역이 된다. 또 뇌 속 신경세포처럼 늘 재편성되며, 그 구성 요소(=셀)의 단순성을 훨씬 넘어서는 복잡한 존재가 된다. 그리하여 주거의 다양성은 폭발적으로 증대한다.

이러한 주거는 현대 같은 정보사회에서 보다 더 실체적인 주거 방식을 제안한다. 이는 공기와 접촉하는 것이며, 자신의 발로 걸어 다니는 것이며, 결코 정보화할 수 없는 구체적 실체감을 중심으로 한 주거의 제안이다. 물체로서의 실체적 주택을 일부러 포기함으로써 인간과 직결된 신체적 실체감을 획득한다.

걷는다는 가장 실체적인 행위와 그것이 이끌어내는 비실체적인 네트워크의 영역, 이것이 바로 '네트워크 바이 워크'이다.

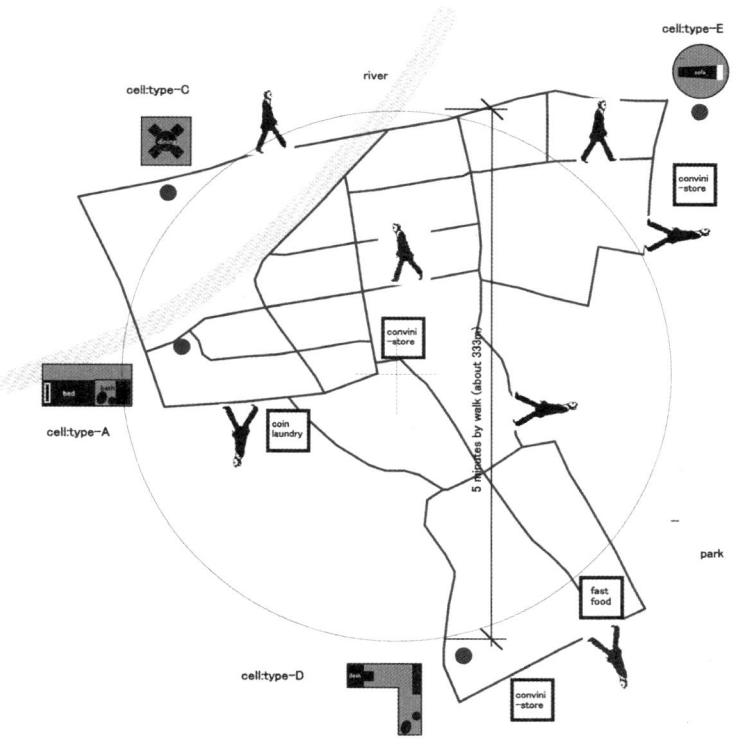

네트워크 바이 워크 Network by Walk

집인 동시에 도시

세이다이어병원 작업요법 병동, 1998

작업요법(적당한 육체 작업을 통해 신체나 정신 장애가 있는 사람들을 치료하는 요법-옮긴이)을 행하기 위한 작업 공간과도 같은 시설로, 정신병원 부속 건물. 부지는 홋카이도의 전원지대.

정신병원이라고 하면 꽤나 특수한 건축이라 생각할지도 모른다. 그러나 오히려 나는 정신병원이야말로 보편적인 건축이 아닐까 생각한다. "이상적인 정신병원이란?"이라는 질문을 받는다면 "집인 동시에 도시이기도 한 장소"라고 대답할 것이다. 집이 지닌 편안함과 도시가 지닌 다양성을 동시에 갖춘 장소. 이는 '건축'이라면 마땅히 지녀야 할 근본적인 모습과도 부합한다고 생각한다.

설계는 극히 단순하다. 주 공간인 작업실, 환자를 위한 휴게실, 직원을 위한 공간. 거기에 화장실과 몇 군데의 수납공간. 이러한 기능에 입각해 기존의 정신병원 건축에서 볼 수 있는 경직된 설계에서 벗어나 '집인 동시에 도시'인 새로운 방식을 제안하는 데 중점을 두었다.

내부는 기본적으로 하나의 공간이 된다. 이는 모든 방이 공간적으로 연결됨으로써 환자와 직원에게 공간을 공유한다는 일체감을 줄 수 있다고 생각했기 때문이다(예를 들어 환자는 휴게실에서 집무실을 내려다볼 수 있다). 한편 이 공간은 구부러지고 비대칭적인 고리 같은 형상을 하고 있다. 이러한 모양은 각각의 장소에 특징을 부여해 여기저기 자연스럽게 돌아다니도록 사람들의 움직임을 유발하고, 이는 작은 건물임에도 그 규모 이상의 다양성을 부여한다. 한눈에 공간 전체를 파악하지 못하도록 한 원룸에 대한 제안이다.

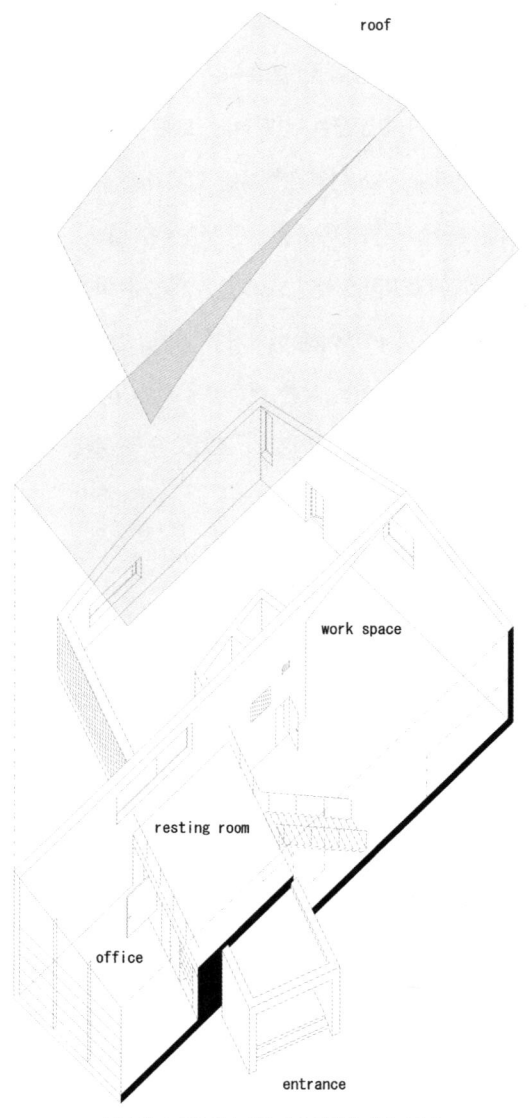

단순한 소용돌이가 여러 가지 공간을 만들어낸다.

부분과 부분의 관계성에 의한 새로운 질서

셰이다이병원 신병동, 1999

정신병원 병동 증축 계획은 단기 입원 환자를 위한 독립성 높은 병동 설계 계획이다. 침대는 27개, 기존 병동 남쪽 한쪽 병원 부지에 정원이 펼쳐지고 주변은 한가로운 전원지대이다. 설계할 때 정신병원이라는 질서성에 대한 해답을 제시하기보다는 '살기 위한 장소'라는 건축의 근원적인 요구를 충족시킬 수 있도록 했다.

이 건물의 특징은 평면 계획에 있다. 건물 전체는 수많은 방의 집합체로 구성된다. 이 건물에는 복도가 없다. 종래의 복도에 해당하는 부분 역시 모두 '방'의 연속으로 이루어졌다. 전체를 결합하는 커다란 구조를 띠지 않고, 부분과 부분의 관계성에 의해서만 느슨하게 질서가 잡힌 모습은 뇌의 신경계나 파리의 파사주(passage, 건물과 건물 사이의 통로. 건물을 폐쇄된 경로로 구분하지 않고 융합적인 통로로서 유기적으로 연결하는 공간-옮긴이),

혹은 인터넷과도 같은 것이라 칭할 수 있다. 각각의 방 크기는 심리적인 안정감을 줄 수 있는 정도이다.

한편 방들이 다양하게 연결되고 서로 관계를 맺는 것으로 건축 전체는 다양성과 여유를 획득한다. 간소한 방과 각 방의 연결에 의해 복잡성을 띠는 전체. 그것은 집의 편안함과 도시의 다양성을 겸비한 장소이며, 거리 공간과 생활공간이 공존하는 골목길과 같다. 삶의 활력을 그대로 건축화한다는 계획에 따른 것이다. 이렇게 완성된 평면은 복잡하면서도 이상하리만치 단순하다. 그럼으로써 원초적인 공간이 탄생했다. 또 고대 도시의 유적과도 같은 원형성을 갖추고 있다. 거주의 복잡한 상황을 표면적인 기능으로 정리해 단순화해버리는 것이 아니라, 복잡한 요소를 복잡한 대로 유지한 채 건축하는 것을 이미지화했다.

다이어그램

모형

숲 속에 펼쳐진 '약한 건축'

아오모리 현 현립미술관 설계 공모전 2등 수상, 2000

숲 속에 세울 미술관을 통해 건축의 새로운 본질을 제안하고자 했다. 이는 '약한 건축'이라는 명칭에서도 알 수 있듯, 건축과 주변 환경의 새로운 관계 맺음을 암시하는 것이기도 하다.

숲 속에 세울 건축의 골격이 되어줄 병풍 모양의 벽을 세워나간다. 이 벽은 네모반듯한 건축에서 영역을 구획해버리는 것과는 반대로, 숲을 향해 열린 공간과 숲을 위해 유연하게 구부러지는 공간에 대한 이미지이다. 숲 속에 세운 벽은 부분에서 부분으로 이어지며 지형에 따라 자유롭게 구부러진다. 그 자체의 질서를 주장하지 않고 자연에 녹아들고 타협하는, 이른바 '약한 벽'이다. 이 약한 벽이 만드는, 숲을 향해 열린 유연한 장소가 미술관이 된다. 그럼으로써 공간을 만드는 것이 아니라 숲의 다양한 표정에 시선을 던지는 기회를 제공한다.

모형

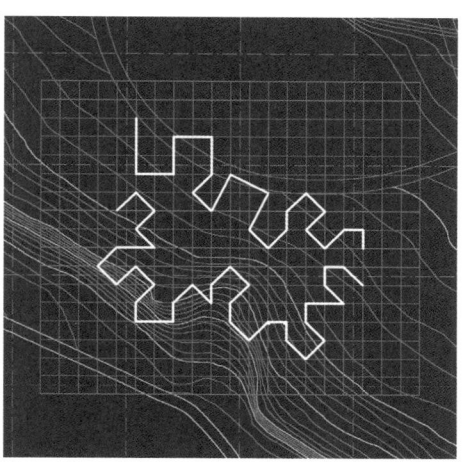

배치

'모호한 영역의 건축'에 대한 실험

M-병원M-Hospital 데이 케어 병동, 2000

정신병원 부속 데이 케어 병동. 외래 환자에게 작업요법 등을 행하기 위한 작업 공간 같은 시설이다. 부지는 풍부한 자연환경을 자랑하는 홋카이도 남서부의 구릉지로, 눈은 적고 겨울에도 비교적 온난하다.

이번 제안은 건축과 주변 환경의 새로운 관계 방식이다. 경계를 명확히 하지 않고 주변 환경에 스며 들어가는 방식 같은 모호하면서 유연한 건축을 구상했다. 이는 자연의 은혜가 가득한 부지 조건뿐만 아니라, 병원과 지역이 서로 관계를 맺는 장소라는 이 건물의 건축 계획에도 반영된다.

숲처럼 솟은 벽은 밀도가 낮아 건물의 영역을 확실하게 규정하지 않는다. 이 건물은 경계가 명확하지 않지만 그럼에도 장소라는 강한 성격을 띠는 숲과도 같은 건물이다. 얇은 막을 재료로 한, 부드러운 빛의 숲이다. 건축 전체가 필터이며 사람, 빛, 안과 밖이 서로 침투한다.

막으로 된 벽은 밀도를 바꿔가며 공간을 느슨하게 나누고, 요구되는 기능에 공간을 부여한다. 그와 동시에 직사광선을 가려 해가림 역할을 함으로써 부드러운 투과광을 만들어낸다.

모형

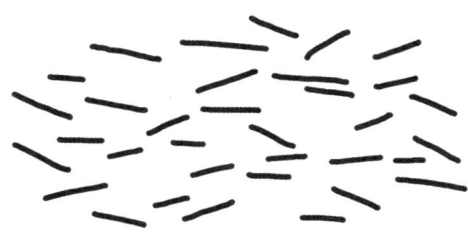

다이어그램

부분의 건축

2001

부분의 건축에 대해 생각하고 있다. 건축물을 설계할 때, 전체가 아니라 부분과 부분의 관계를 먼저 생각한다. 건축물의 설계는 공간에 질서를 부여하는 것이고, 전체의 커다란 질서가 아닌, 부분과 부분 사이의 작은 질서를 쌓아나가는 것이다. 건축을 고민하는 이러한 방식, 그리고 이로써 완성되는 건축을 '부분의 건축'이라 부른다.

최근 진행한 프로젝트인 '아오모리 현 현립미술관 설계 공모전 출품안, 1999~2000'을 예로 조금 더 구체적으로 설명해보겠다. 숲 속을 가로지르는 벽은 일정 치수의 설계상 격자무늬 교점을 기본으로 하지만, 지형이나 주위와의 관계에 의해 구불구불 구부러진다. 건물 전체가 아닌 각각의 공간을 그때그때 외부의 숲에 대응시켜나가는 방식에 따라 숲을 바라보는 다양한 시각을 만들어낸다. 그리고 이 때문에 예상 밖의 공간이 전개된다. 출품할 당시, 이와 같은 부분에서 시작되는 전개, 그리고 그 결과물로 생겨난 건축 전체의 자연 발생적인 복잡성이 숲에 용해되어가는 모습을 '약한 건축'이라 표현했다.

'세이다이병원 신병동, 1998~1999'는 부분이 집적된 것 같은 평면이다. 이 평면에서는 병원 특유의 중앙 복도라는 커다란 질서를 몇 개의 티 룸(거실) 연속이라는 대체물로 바꿨고, 작은 부분의 연결로 전체를 구성했다. 복도가 없는 건축으로, 복도를 분해해 재결합함으로써 보다 다양한 공간이 생겨날 수 있도록 했다. 현재 진행 중인 'M-병원M-Hospital, 2000'은 '아오모리 현 현립미술관'과 마찬가지로 일정 치수의 격자무늬 평면도를 기본으로 한다. 그러나 중심부의 볼륨 배치에서 서로 이웃한 것들의 중량감과 그 사이에 생겨나는 공간을 고려해가며 바둑돌을 놓듯 부분에서부터 전개한다. 내부와 외부를 만들어가는 방식에 차이가 없고, 정원에 불규칙한 모양과 어우러진 다양한 장소를 띄엄띄엄 배치하는 것이 기본적인 이미지이다.

이들 프로젝트의 공통점은 부분과 부분의 관계성이 건축 공간을 결정하며, 전체가 모호하게 규정되어 있다는 점이다. 건축에서 거대한 것(형태, 질서, 의미)을 분해하고 분산시켜 재결합하는 것을 통해 보다 풍부하고 다양한 공간을 만들어내기 위해서이다. 그리고 부분과 부분의 관계성에 대한 질서를 유지함으로써 전체적으로는 포용력 있는 장소가 생겨난다. 일견 무질서하고 복잡하고 모호한 공간처럼 여겨지는 도시가 그러하듯 말이다.

또 하나의 예인 '빌바오 구겐하임미술관(프랭크 게리), 1997'을 살펴보자. 빌바오의 사진을 보고 있으면 중세 이탈리아의 구릉 도시나 자연 발생적으로 형성된 취락지와 비슷하다는 것을 깨닫게 된다. 혹은 도쿄 서민 거주 지역에서 볼 수 있는 무질서한 건물의 중첩과도 비슷하다고도 할 수 있다. 중요한 사실은 그것들이 단순히 표면적으로만 유사한 것이 아니라, 각자의 성장 과정, 생성된 방식의 차원이 서로 비슷하다는 점이다.

프랭크 게리Frank Gehry가 만들어낸 형태의 비밀은 그가 부분만을 결정하고 있다는 점이다. 프랭크 게리가 만든 것은 삼차원 곡면이라는 '부분'과 그것을 결합하는 단순한 법칙뿐이라고 할 수 있다. 전체를 결정하지 않는 형식주의는 정확하게 표현할 수 없지만 확실히 새롭다. 그와 동시에 원초적인 빌바오의 모습은 도시의 발생과도 비슷한 '부분의 원리'에 의해 이루어졌다. 그리고 이는 하나의 건축이 중세의 거리와 비슷하다고 하는 것으로 끝나는 단순한 이야기가 아니다. 건축을 부분과 부분의 관계에서부터 생각하는 '부분의 건축' 방식을 통해, 일종의 동경의 대상이었으나 의도적으로는 만들어낼 수 없다고 여겨졌던 자연 발생적이며 복잡한 질서를 지닌 건축이 이제 손에 닿을 수 있는 곳까지 다가왔다. 복잡하지만 질서를 지니고 있고, 어떤 종류의 '흔들림'을 허용하는 공간을 만들어낼 수 있을지도 모른다. 전체라는 형태를 띠지 않는 장소, 어떠한 장場과도 같고 부분이며, 미완이며, 항상 과정 속에 있는 듯한 건축. 그리고 부분과 부분의 모호한 연속체인 것 같은 건축. 지금까지 볼 수 없었던 이와 같은 건축이 그저 언어적인 비유로 그치는 것이 아니라 건축가의 손으로 설계될 수 있을지도 모른다. 그렇게 된다면 '건축가 없는 건축'이라 말해온 자연 발생적인 건축을 만들어낼 수 있지 않을까.

근대라는 시대를 '커다란 질서'의 시대였다고 한다면, 부분의 질서에 의한 '부분의 건축' 방식은 진정한 의미에서 근대를 대신할 건축적 가치관을 탄생시킬 가능성을 지니고 있을지도 모른다.

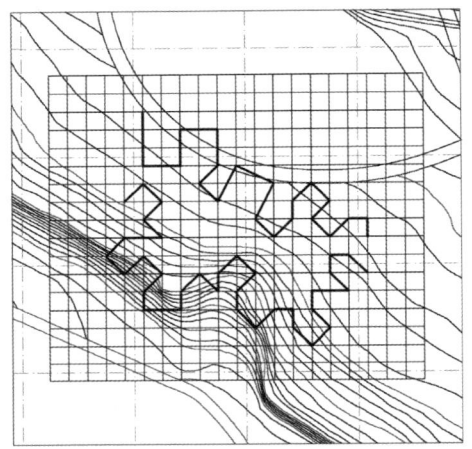

아오모리 현 현립미술관 설계 공모전 출품안, 1999~2000

세이다이병원 신병동, 1998~1999

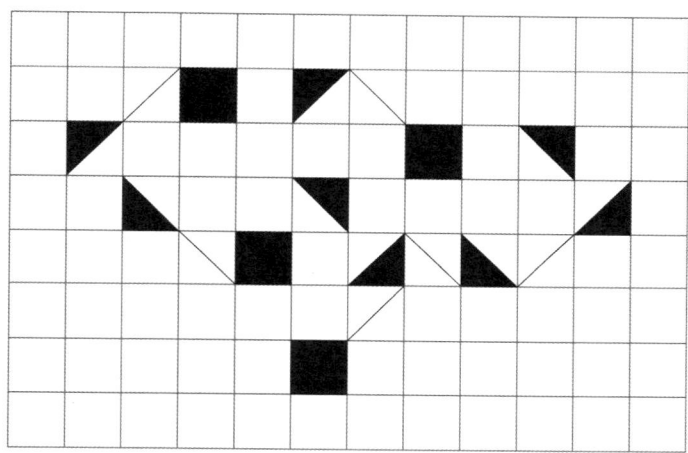

M-병원 데이 케어 병동, 2000~

모호함의 주택, 거주를 위한 지형

N 하우스(프리미티브 퓨처 하우스), 2001

부부를 위한 주택. 주변은 신록이 풍부한 전원지대이다. 평범한 주택은 싫지만, 그렇다고 그저 특이하기만 해서는 안 된다. 거주 장소라는 근본적인 의미에서부터 주택을 다시 한 번 생각해보기로 했다.

이번에 제안하는 것은 '모호함의 주택'이다. 350밀리미터 간격의 판재를 쌓아 올려 건물 전체를 구성했다. 이 판재는 의자이기도 하고 테이블이기도 하며 바닥이기도 하다. 또 지붕, 선반, 계단, 조명, 구조체, 개구부, 정원이기도 하다. 즉 공간 전체가 모호한 높낮이만으로 이루어져 있다. 이 연속된 높낮이에 따라 특징이 다양한 장소가 생겨난다. 거주자는 장소성을 지닌 높낮이 속에서 기능을 발견하고 주택이라는 지형을 이용해 자유로움을 획득한다.

산다는 행위에 느슨하게 밀착되어 있는 주택이다. 산다는 행위의 모호함과 그것이 지닌 다양성과 풍부함을 건축에 그대로 반영하고자 했다.

판재의 적층

'사이'를 겉으로 드러나게 하다

글래스 클라우드 Glass Cloud, 2002

이 주택은 왠지 구름 속에 있는 듯한 느낌을 준다. 적정한 밀도에 따라 개인의 영역을 지키면서도 주변이 서서히 확산되어 도시와 연결되는 주택이다.

보이지 않는 건축 이 주택 안에서는 건축이 보이지 않는다. 단지 밝음과 투명도의 절묘한 변화를 감지할 수 있을 뿐이다. 그 변화의 흔들림 속에 사람이 산다. 건축은 보이지 않는 영역을 감지하기 위한 틀이 된다. 이를 통해 건축의 근원적인 본질을 제안한다.

사이의 건축 간유리를 포개 넣어 만든 구성이 도시와 집 '사이'에 본래 존재하는 다양한 중간 영역에 형태를 부여한다. 개인적인 공간에서 집에 가까운 공간으로, 집에 가까운 공간에서 도시에 가까운 공간으로, 도시에 가까운 공간에서 도시로 확산되는 공간으로. 즉 각 영역의 단계적인 변화가 건축이 된다. 도시에서 사는 재미와 즐거움은 그와 같은 풍부한 중간 영역에서 비롯된다고 생각했다. 그 때문에 개인적인 장소와 도시 '사이'를 디자인했다.

'넓이'가 아니라 '다양함' 부지가 작은 소규모 주택이기 때문에 좁지만 다양하게 사용할 수 있는 공간을 많이 만들어야겠다고 생각했다. 영역의 단계적인 변화가 이런저런 장소를 만들어낸다. 공간이나 형태뿐만 아니라 '사이'를 겉으로 드러내는 건축에 중점을 두었다.

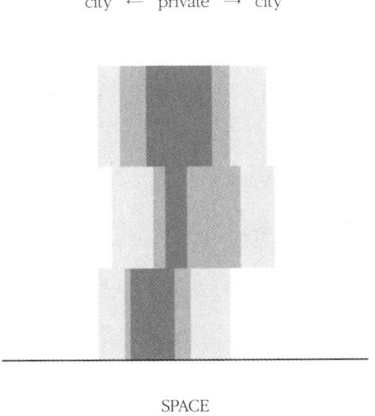

영역의 단계적인 변화

하나의 형태, 몇 가지의 관계

하나 카페Hana Café, 2002

건축적인 조작이 아닌, 단지 하나의 의자를 디자인하는 것으로 새로운 공간의 새로운 사용 방식을 만들어내는 것을 생각했다.

높이와 각도가 다른 세 개의 의자가 3차원적으로 조합되어 하나의 의자가 된다. 몸을 깊이 묻을 수 있는 의자, 일반적으로 앉을 수 있는 의자, 조금 높은 스툴과 테이블. 바위 같기도 하고 꽃 같기도 한 의자가 그저 흩어져 있는 것만으로 카페 내부에 고유의 풍경이 연출된다. 사람은 흩어져 있는 의자를 움직이고 회전시켜 나름대로 앉는 방식을 찾고 거기에 자리 잡는다. 길가에 있는 돌에 앉을 때처럼 자신의 해석에 따라 앉을 장소를 찾아내는 것이다.

나의 의도는 카페 방문객들이 의자 때문에 짓는 다양한 표정을 통해 의자의 사용 방식에 대한 이미지를 환기시킬 수 있을 만한 장소를 만드는 것이었다.

바위 혹은 꽃과 같은 모양의 의자들이 흩어져 있다.

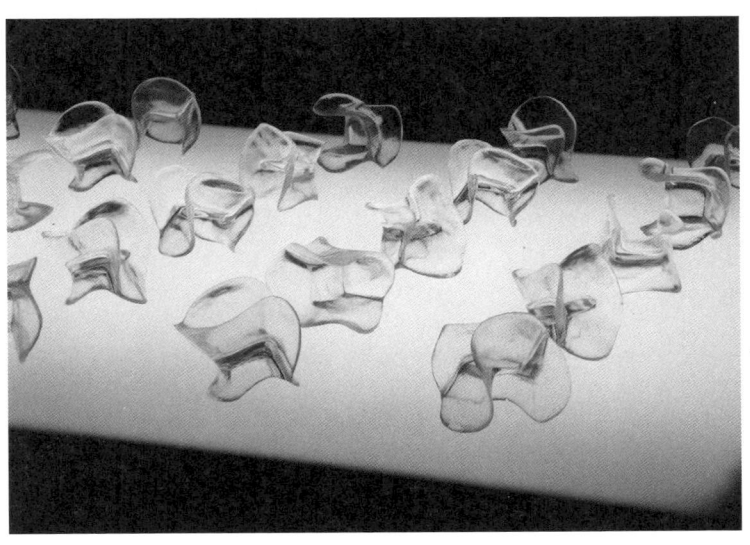

거처 / 거리감

시자마산장, 2002

도쿄에서 차로 약 네 시간 거리에 자리한 나가노 현 북알프스 산기슭에 있는 산장. 건물주는 약 35년 전 대학 서클 OB 모임을 통해 직접 지은 산장 옆에 새로운 산장을 세울 계획이었다. 건물주는 단순함을 요구했고, 필요한 공간은 모두가 모일 수 있는 홀, 주방, 스키 건조실, 침실, 욕실과 화장실이었다. 부지 일대는 눈이 많이 내리는 지역으로 적설량이 2미터를 넘는다.

한 명부터 40명까지

이 건물은 여러 가지 방식으로 사용된다. 보다 엄밀히 말하면 이용객 수에 따라 서로 다르게 사용된다고 할 수 있다. 한 사람이 공간을 모두 차지할 때도 있고, 한 번에 40명이 모여 술을 마실 때도 있다. 한 명일 때나 40명일 때나 각자에게 맞는 편안함을 제공하는 장소라는 콘셉트가 재미있다고 생각했다. 그리고 어떻게 하면 사람이 다양한 방식으로 머물 수 있는 공간을 만들 것인가, 하는 건축의 본질적인 문제를 고민해야 했다. 이것은 거처의 건축이다.

가로세로가 1820밀리미터인 격자판 위에 바둑돌처럼 랜덤으로 놓인 사각과 삼각의 코어(건물 중앙부에 공동 시설을 핵심적으로 만든 공공 부분-옮긴이)가 공간을 규정한다. 구성은 추상적이지만 기둥과 기둥 사이의 치수와 불균등한 평면이 개인이 머물 만한 규모의 거처를 만들어낸다. 바둑돌의 밀도에 따라 대부분이 벽으로 둘러싸인 닫힌 장소도 있고, 주변 숲으로 확산되는 열린 장소도 있다. 깊이감이 있는 동시에 다양한 거리감이 서로 중첩된다. 인원이 많을 때는 한눈에 들어오지 않는 부분이 생기기도 하지만, 반대로 대중목욕탕에서 벽 너머로 말을 거는 것 같은 독특한 거리감이 생겨난다. 어쩌면 건축이란 거리감을 만들어내는 게 아닐까. 장치적인 공간 작품이 아니라, 일상 속의 다양한 의식에 거리감을 제공하는 것. 정보화 시대라 불리는 지금, 오히려 이러한 거리감에서 건축의 가능성을 찾는다.

인공물과 자연물

이 부지의 특징은 숲으로 향한 개방성과 함께 눈에 의한 폐쇄성이라는 모순을 동시에 지니고 있다는 것이다. 무작위적인 코어 구조를 통해 많은 양의 눈을 견딜 수 있는 형태를 만들고, 코어의 깊이감이 개방성을 만들게 해서 부지가 지닌 모순은 하나의 건축적 형식으로 수습된다. 주변 숲과 '질質'이 동일한 장소를 만들고, 인공물과 자연물의 중간적인 존재를 만들어내도록 했다. 외관도 마찬가지로, 무작위로 연결한 코어의 외형이 반인공적인 11각형이 되도록 했고, 가볍게 기울어진 지붕과 부지의 경사가 서로 겹치도록 했다. 그 때문에 보는 방향에 따라 달이 차고 이지러지듯 표정이 변화한다. 콤팩트한 둥근 덩어리, 수직으로 솟아오른 모습, 날카롭게 날이 선 각도. 숲 속 바위가 그러하듯, 두드러지면서도 주변과 융화되는 모습이다.

오랫동안 사용할 수 있도록

건축주는 35년에 걸친 시간 동안 산장을 수리하면서 사용해왔다. 그런 만큼 새로운 산장도 시간과 함께 이런저런 변화를 거치지 않을까 싶다. 이럴 때 설계자는 어떻게 해야 할까? 중립적인 공간을 제공하고 그다음은 자유롭게 하라고 딱 잘라 결론을 내리는 것도 아니고, 시공한 순간의 작품성에 모든 걸 거는 것도 아닌, 그 중간적인 방법을 모색했다.

건축물을 만든다는 것은 대화 상대를 만드는 것과 비슷한 일이 아닐까 생각한다. 증개축 행위는 물론, 거주한다는 행위를 받아들이고 환기시키면서도 그 모든 것에 초연한 건축, 거주자에게 개성적인 대화 상대가 될 수 있는 건축의 이미지를 그렸다.

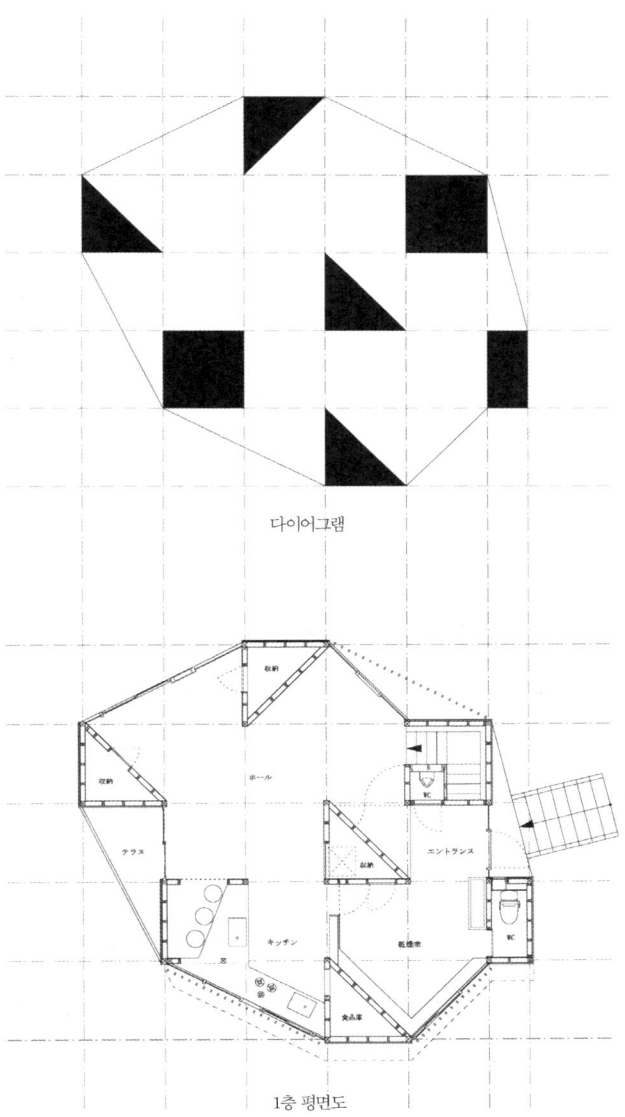

다이어그램

1층 평면도

하나의 공간인 동시에 여러 장소이기도 한 곳

안나가 환경 아트 포럼, 2003

종래에는 없던 '환경 아트 포럼'이라는 구상에 대해 새로운 공간을 통한 응답을 의도했다. 여기서 제안하는 것은 모두가 공유할 수 있는 장소인 동시에 여러 종류의 활동을 함께 할 수 있는 다양한 장소이다. 하나의 공간인 동시에 여러 장소여야 하며, 단순한 동시에 다양해야 한다. 이를 새로운 형태와 꿰뚫는 듯한 단순함으로 실현했다.

이 공간의 특징은 각각의 장소가 떨어져 있으면서도 연결되고, 거리감의 차이에 따라 다양한 장소가 공존한다는 것이다. 또 한 명이 있을 때나 500명이 있을 때나 각각 매력을 갖는다. 이러한 특징들이 새로운 공간을 통해 표현되었고, 비틀린 하나의 공간 속에 이전 건축에서 보인 평면 계획이 통합되어 있다.

또 이것은 상호작용하는 건축에 대한 제안이기도 하다. 이 거대한 원룸은 주변 환경이나 내·외부의 관계, 시민 참여에 의한 설계 과정의 상호작용을 통해 다양하게 변형되고 충돌한다. 부분과 전체의 상호작용으로 완성되는 유연한 시스템의 제안이다. 시간이 흘러도 낡지 않을 원초적인 것, 고작 한 줄의 선으로 그린 형태 속에서 다양성과 새로움이 생겨나도록 했다.

부풀어 오르는 듯한 증축의 방식

N하우스 증축, 2003

집을 지은 지 29년이 지난 조립식 주택의 증개축 계획. 부지는 오이타 시大分市 중심부로 주변은 오래된 주택지이다. 기존 집을 이용해 부부가 쾌적한 생활을 할 수 있는 새로운 주택을 지어달라는 요청을 받았다.

기존 주택의 벽을 헐고 난 후 생긴 하나의 커다란 공간이 중심 장소가 되도록 했다. 아무것도 없는 공간 속에 남겨진 기둥에 기존 주택의 흔적이 남아 있다.

건축적인 '증축'이 아니라, 집 일부가 말 그대로 '부풀어 오르는' 확장이라는 증축 방식에 대해 고민했다. 전형적인 집 형태가 욕실, 주방 등 새로운 기능에 맞춰 부분적으로 늘어나고 부풀어 올랐다. 부풀어 오르는 증축을 통해 건물 내부에 빛과 공간이 생겨나며, 밝고 어두움의 차이가 장소의 밀도를 만든다. 이렇게 생성된 빛의 농담濃淡이 벽을 허물고 난 후 아무것도 없는 공간에 생활공간을 만들어냈다.

부풀어 오르는 확장으로 내부에 빛과 공간이 생겨난다.

부분과 전체

생활보호 대상자를 위한 시설, 2003

홋카이도 남서부, 훈카완噴火湾에 접한 인구 약 3만 6000명의 도시인 다테시伊達市에서 자동차로 10분 정도 달리면 평온한 구릉지대가 펼쳐진다. 생활보호 대상자를 위한 시설이란 정신 장애우들에게 제과 제빵 등의 일을 가르치며 지역사회에 복귀하도록 도와주는 시설이다. 얼핏 특수한 기능을 하는 건축이라 생각할 수도 있지만, 어떻게 하면 쾌적하게 머물 수 있는 장소를 만들 수 있을 것인가, 하는 건축의 근원적인 질문을 충족한다는 의미에서 보면 모든 주택과 도시를 구성하는 것과 같은 일반성을 지니고 있다.

이 건축을 위해 부분과 전체에 대해 고민했다. 주요 공간을 덮을 네 개의 맞배지붕은 뾰족하고 가파른 지붕에서 한없이 평평한 지붕까지 각각 미묘하게 모양이 달랐다. 서로 다르다는 것을 통해 각각의 지붕은 단순히 단위의 문제를 넘어서서 상호작용한다. 이는 단위의 반복에서 그치는 것이 아니라,

상호작용을 통해 부분과 전체가 관계를 맺는다는 의미다. 지붕 아래 공간은 단독으로 존재하는 것이 아니라, 인접한 공간과 관계를 맺으면서 비로소 의미를 지니게 된다. 하나의 공간에서 이웃한 공간으로 이동하면서 몸으로 체험하는 질서가 생겨난다. 부분과 부분, 부분과 전체가 쌍방향으로 영향을 끼치는 피드백을 통해 질서에 도달하게 되는 것이다. 이는 전체에서 생겨난 질서도 아니고 부분에서 생겨난 질서도 아니다. '비평형非平衡 상태의 조화'라고 말할 수 있는 '불안정의 안정'이 생겨나는 것이다. 이것이 바로 불안정함의 질서이다.

그곳에는 어떤 공간이 생겨날까? 아마도 자연과도 같은 공간이 형성될 것이다. 자연의 직접적인 모방이 아니라, 나무들의 인접 관계에 따라 숲이 만들어지는 방식처럼 부분과 부분의 관계, 부분과 전체의 피드백 속에서 공간이 탄생한다. 이는 지금까지 볼 수 없었던 방식이다. 인공물 창조의 새로운 방식과 쾌적함을 이끌어내는 새로운 방법을 보여준다고 생각한다. 부분과 전체의 상호작용으로 탄생한 건물의 모습은 주변 풍경과 같은 것이다. 지붕 아래에서 느낄 수 있는 안정감, 이쪽 지붕 아래에서 저쪽 지붕 아래로 일상적인 이동을 하면서 체험하는 풍부한 변화는 단순함과 다양성이 공존하는 자연이 지닌 풍부함과 같다고 할 수 있다. 이를 통해 추상적인 것은 사라지고 공간적인 체험이 남는다.

다케미쓰 도루(武滿徹, 1930~1996, 일본의 작곡가로 일본 전통 음악과 서양음악의 영향을 받았다.-옮긴이)가 쓴 글 중에 퉁소 명인에 대한 이야기가 있다. 그는 이상적인 소리는 대나무 숲을 통과하는 바람 소리라고 말한다.

이런 소리를 건축적으로 구현해낼 수만 있다면 인공물의 경계를 조금씩 확장할 수 있으리라 생각한다.
이 건물은 그것을 위한 작은 실험이다.

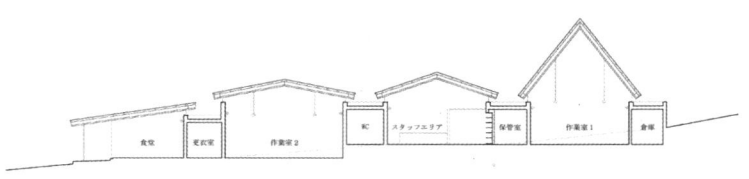

가로 측 단면

평면

사람이 살기 위한 장소를 다시 정의하다

2004

루이스 칸(20세기 건축의 거장-옮긴이)은 "모든 건축은 집이다"라고 말했다. 나는 집을 설계할 때 항상 '그것은 집이 아니다'라고 생각한다. 반대로 집 이외의 것을 설계할 때는 '그것은 집이다'라고 생각한다. 나는 집이라는 것이 존재하지 않는다고 본다.

집이란 무엇인가? 그것은 살기 위한 장소를 다시 정의하는 것이라고 생각한다. 그러므로 집을 전제로 하는 집이나, 사람의 거주를 배제하는 집은 집이 아니다. 집을 고민하는 것이 아니라, 살기 위한 장소를 어떻게 공간화할까, 하는 근원까지 거슬러 올라가 사람이 살기 위한 장소를 공간적으로 다시 정의하는 것이 중요하다.

건축 설계 일을 시작한 후 한동안 병원 설계 일을 했기 때문이기도 하지만, 내게는 주택과 병원의 구분이 그다지 명확하지 않다. 내게 건축 설계란 사람이 머무르기 위한 장소를 어떻게 공간화할 것인가에 대한 계획이다. 그러므로 주택, 병원, 환경 아트 포럼, 커다란 도시는 차이가 없다고 생각한다. 같은 방식을 적용한다는 것이 아니라, 방식을 뒷받침해주는 하나의 단계로 같은 자세를 유지하고 싶다는 말이다.

의도 없는 공간

단테 시의 생활보호 대상자를 위한 시설, 2004

부분의 건축

3년 전, '부분의 건축'이라는 글을 발표했다. 부분의 건축이란 건축을 거대한 질서나 외부에서 형성된 질서가 아닌, 부분과 부분의 관계성이라는 작은 질서의 연결을 통해 내부로부터 만들어나가는 것이다. 근대라는 시대가 거대한 질서에 따라 무언가를 만드는 시대였다고 한다면, '부분의 건축'은 진정한 의미에서 근대를 대신할 가치가 될 수 있지 않을까 하는 생각이 든다.

여기서 한 가지 확인해두고 싶은 것은 '부분'이 '부품'을 의미하는 것은 아니라는 사실이다. 단순한 부품을 조립하는 일은 기계적이며, 이를 곧 근대라 할 수 있다. 부품을 조립하기 위해서는 부품을 배치하기 위한 상위개념으로서 거대한 질서가 필요하다. 이와 달리 여기서 말하는 '부분'은 국소적인 부분끼리의 관계성에 대한 것이다. 그 관계성 자체에서부터 작은 질서가 생겨난다.

거처

최근에 홋카이도에 보호시설을 시공했다. 바다를 바라보고 있는 남서향의 완만한 경사지라는 천혜의 부지에 지은 이 건물은 정신 장애우들이 스스로 생활을 꾸려가며 지역사회에 융화될 수 있도록 지원하는 시설이다. 그렇지만 결코 특수한 기능을 요구하는 건축은 아니다. 그보다는 스무 명의 장애우 각자에게 편안함을 주는 '집'인 동시에, 일상생활의 다양성과 의외성을 겸비한 '도시'와도 같은 공간이라는 근원적인 양의성을 요구한다.

어떤 의미에서 '거처의 건축'이라 할 수 있다. 다양한 성격의 거처를 연결해나가는 것으로 전체가 성립된다. 5.4제곱미터의 사각형이 모서리를 맞대며 연결되는데, 이를 통해 만들어진 틈과 막다른 공간에 크기가 다양한 장소가 생겨난다. 거리에 비유한다면, 먼저 큰길을 뚫고 큰 광장을 만든 다음 모든 이를 그곳에 모이게 하는 것이 아니라, 작은 도로를 연결해가는 도중 생기는 길모퉁이마다 작은 거처를 만들어가는 식이다. 이를 통해 집과도 같은 편안한 스케일과 도시적인 다양성이 양립한다.

여기서 말하는 각자의 '거처'는 '부분'과는 약간 다르다. 오히려 '거처 간의 관계성'을 '부분'이라고 규정해야 한다. 앞부분에 서술했듯, '부품'에는 그것을 배치하기 위한 거대한 질서가 필요하다. 그러나 한편으로는 각각의 거처를 단독으로 조명하며 부품으로서 거론하는 것은 별 의미가 없다. 거처는 인접한 장소와 맺는 관계 속에서 비로소 거처로서 다양한 성격을 획득하기 때문이다.

이번 장에서는 '방'이라는 단어 대신 '거처'라는 단어를 사용한다.

무언가를 단독으로 추려낼 수 없을 때는 완결된 부품을 전제하는 '방'이라는 단어보다, 모호하며 관계성 속에서만 정의할 수 있는 장소인 '거처'가 보다 더 알맞은 단어라고 생각하기 때문이다. 루이스 칸은 자신이 만들어낸 건축의 근원을 '방'이라고 했지만, 나는 다시 근원으로 돌아가 '거처'라 칭하고자 한다. 거처는 명확한 방이어야 할 필요가 없다. 거처는 다른 거처와 맺는 관계에 의해서만 특정한 성격을 지닌다. 그 때문에 부분의 건축에서 거처는 본질적인 것이다. 거처는 규정할 수 없는 모호함을 지닌 동시에 인간 활동의 거점이라는 확고한 의미를 지닌 장소이다.

사람이 둘 이상 있는 건축

예전 어느 대학에서 강의할 때, 학생들에게 리포트를 받은 적이 있다. 그중 "후지모토 씨의 건축은 사람이 둘 이상 있을 때에 재미있는 건축이다"라고 써서 제출한 학생이 있었다. 재미있는 말이라고 여겨 그 후 인용하고 있다. '두 사람이 있는 건축'이란 바로 관계성의 건축에 대한 말일 것이다. 이는 각각의 영역이 분절되어 있으나 그와 동시에 연결된 공간에 대한 것이며, '떨어져 있는 동시에 연결되어 있는' 것을 콘셉트로 하는 '안나카 환경 아트 포럼'과 일맥상통한다. 그리고 분절된 동시에 연결될 수 있는 이유는 방이 아닌 거처가 지닌 '유연함' 때문이라고 생각한다.

의도 없는 공간

'거처'는 공간에서 어떤 식의 새로움을 추구할까? 나는 이것을 'Space of No Intention, 의도 없는 공간'이라 부르고자 한다.

의도가 없는 장소는 어떤 의미에서 기능주의와 정면으로 대립한다. 그러나 이는 단순히 의도가 전혀 없는 엉성한 공간이라는 말이 아니다. 특정한 기능은 없으나 그렇기 때문에 반대로 사람에게 활동을 선택할 자유를 제공하는 건축이다. 밀어붙이는 의도가 없는 까닭에 계기로 충만하다. 이를 통해 다른 장소와 관계를 맺을 수 있다. 덕분에 인간이 활동하는 장소로서 강고하며 유연할 수 있다.

자연과 인공 사이

이와 같은 '의도 없는 공간'을 의도적으로 디자인하는 것이 가능할까? 나는 가능하다고 본다.

의도 없는 공간을 설명하는 가장 가까운 예는 '자연'이다. 자연 속 공간은 어떤 의미에서 '의도 없는 공간'이다. 자연이 공간을 만들어가는 방식은 부분과 부분의 관계성에 의한 질서 재편이다. 이 점에서 다시 '부분의 건축'으로 되돌아오게 된다. 부분과 부분의 관계성, 거처로서의 건축, 의도 없는 공간이 이어져 일련의 고리가 된다.

의도 없는 공간은 자연과 인공의 사이와도 같은 존재가 될 것이다. 이는 인공물에 대한 기존의 개념을 약간은 바꿔놓게 될 것이다. 의외로 건축이 이와 같은 변화를 이루기에 적당한 분야일지도 모른다. 건축에서는 '거처'와도 같은 모호한 개념이 허용되기 때문이다. 모호하기 때문에 강고한 장소라는 모순이 가능하기 때문이다. 이것이 건축의 유연함이 지닌 가능성이다.

이 보호시설의 평면도에는 간단하게 그을 수 있는 표준선이 없다. 전체를 가로지르는 거대한 좌표 대신 장소의 관계 속에서 비틀어지며 성립된 좌표계가 있다. 이는 새로운 좌표계에 대한 암시이다. x축과 y축으로 구성된 데카르트 좌표계도 아니지만 자연의 그것도 아니다. 디자인 가능한 불확정성, 혼란과 질서가 동거하는 좌표계. 좌표계는 단순히 형태에 대한 것이 아니다. 새로운 가치관, 우리가 사물을 보는 틀과도 같다. 그러므로 건축을 설계한다는 것은 이와 같은 새로운 좌표계를 모색하는 일이라 할 수 있다.

다이어그램

다테 시의 보호시설 외관 (ⓒ 阿野太一)

다테 시의 보호시설 내부 (ⓒ 阿野太一)

떨어짐과 이어짐, 그 사이의 무수한 조화
거주를 위한 '장소', 혹은 가능성의 지형

정보와 환경의 시대에 건축은 어떻게 새로운 가치를 제시할 수 있을까. 이 부분에 대해 고민할 때가 있다. 진부한 물음일지도 모르지만 그냥 넘어갈 문제는 아니라고 생각한다. 정보란 관계 개념이다. 어떤 대상을 관계 맺는 것이다. 그렇다면 환경이란 무엇일까. 환경은 상호 의존이다. 단독으로 존재할 수 없고, 모든 것은 타자와 맺는 관계 속에서 비로소 의미를 가지기 때문이다. 그러므로 정보 시대, 환경 시대의 건축이란 관계성의 건축이라고 할 수 있다. 그렇다면 관계성의 건축이란 무엇일까?

높낮이가 있는 원룸 / 거리감의 건축
군마 현 마에바시 시의 주택 'T 하우스'가 완성되었다. 4인 가족을 위해 만든 공간이며 건축주가 수집하는 현대 아트 작품을 전시하기 위한 공간이기도 하다. 기본적으로 이 주택은 원룸이다. 그러나 통상적인 원룸이 아닌, 높낮이가 있는 방사형 원룸이다. 깊이의 정도, 연결 방식의 정도에 따라 거처에 필요한 안정감과 프라이버시, 이동에 따른 분위기의 변화 등, 질감이 다양해진다. T 하우스는 '거리감의 건축'이다. '거리'에 '감感'이라는 단어를 붙인 까닭은 그것이 물리적인 거리가 아니라 공간의 뒤틀림이나 높낮이에 따라 생겨나는 체험적이며 상대적인 거리이기 때문이다. 그런 까닭에 '떨어져 있는 동시에 연결되어 있다', '인접해 있으면서 한없이 거리를 두고 있다'라는, 물리적으로 있을 수 없는 다양하고 풍부한 거리감이 실현된다. '지금껏 떨어져 있던 것이 갑자기 연결된다'라는 '거리감의 변화'도 존재할 수 있다.

돌이켜 생각해보면 건축이란 다양한 거리를 만드는 작업이라고 할 수 있다. 개인의 방은 다른 것과 거리가 멀어진 상태의 것이다. 공간의 확대란 각각의 거리가 떨어져 있으면서도 연결되어 있는 것이다. 집 안을 돌아다닐 때 일어나는 일련의 변화는 주변에 생기는 거리감의 변화이다. 이와 같은 다양한 거리감을 높낮이가 있는 공간의 형태로 구현한다면 새롭고 단순하며 근원적인 건축에 대한 제안이 될 수 있으리라 생각한다.

관계성의 무수한 조화

이 주택은 안나카 환경 아트 포럼에서 제안한 건축의 원형이 된 주택이다. 정보 시대의 관계성은 인터넷으로 대표되는, 거리가 '없는' 관계만을 가리키는 것은 아니다. 반대로 거리가 '있는' 관계의 풍성함도 발견되어야 한다.

이 주택은 특정한 영역 그 자체로서는 성립되지 않는다. 항상 다른 장소와 맺는 관계로만 의미를 지닌다. 거리라는 것은 둘 이상의 공간이 있어야만 비로소 성립된다. 그리고 떨어져 있는 것과 연결되어 있는 것 사이에 무수한 조화가 실현된다. '약간 떨어져 있고 시야에 들어오기는 하지만 의식은 독립되어 있다'라는 식으로 관계성의 무수한 조화가 만들어진다. 그 속에서 거주자는 다양한 거리를 선택해 자신의 거처를 획득한다.

혼돈의 질서 / 관계성의 미학

이와 같은 '관계성의 장소'에서는 가구, 옷, 읽다 만 잡지 등, 거주를 위한 잡다한 것들이 공간을 방해하지 않는다. 오히려 풍부함을 증폭시키는 요소가 된다. 그와 같은 잡다한 요소는 단일한 공간의 아름다움에 방해물이 될지도 모른다. 그러나 장소의 성격이 항상 다른 장소와 맺는 관계에 의해 결정된다고 한다면 각각의 장소가 개성적이어도 좋다. 서재는 책으로 넘쳐나지만 인접한 침실은 깨끗하게 정리되어 있다. 이와 같은 특징이 각 영역의 공간이 지닌 개성과 만나며 다른 장소와 긍정적인 차이를 만들어낸다. 그와 동시에 서로 연결되어 있다고 하는 참신함을 강조한다. 이를 통해 진정한 의미의 '혼돈 속의 질서'가 실현된다. 공간 자체가 아닌, 관계성의 미학을 의도한 것이다.

한 걸음 더 / 관계성의 정원

원룸의 연속성에 따른 무수한 조화와 12밀리미터 두께의 구조용 합판을 사이에 둔 인접성 때문에 '한 걸음'이 커다란 의미를 지닌다. 내부 사진을 보고 거기서 한 걸음 더 나아간 곳을 상상해보자. 지금까지는 벽의 그늘에 숨어 있던 공간이 다른 깊이를 지닌 채 시야에 들어온다. 지금 보고 있던 그림이 숨겨지면서 갑작스럽게 10미터 앞에 있는 또 다른 예술 작품이 눈에 들어오고, 맞은편에 펼쳐진 공간이 조금씩 시야에 들어온다. 집 내부를 한 발 한 발 이동하는 일상적인 활동 속에서 풍경은 때로는 연속적이고 극적으로 변화한다. 그리고 이러한 풍경의 변화 속에서 거주자가 수집한 모던 아트 작품이 신선하게 빛을 발한다. 비유하자면 이 집은 차시쓰(茶室, 일본 전통 주택에서 다도를 위해 지은 별채-옮긴이)에 딸린 작은 정원과도 같은 집일지도 모른다. 징검돌을 밟으며 한 걸음 내디딜 때마다 주위 풍경이 시시각각 변한다. 때로는 연속적으로 변화하고, 때로는 갑작스럽게 전환된다. 징검돌 위에서 한 걸음씩 내딛을 때마다 다양한 요소의 관계성을 그때그때 새로 고쳐 나간다. 정원을 걷다가 멈추어 설 때 느껴지는 감각이 이 주택의 공간 전체와 연결되어 있다는 생각이 든다. 그리고 정원을 바라보는 무수한 시점이 존재하듯, 이 집도 무한한 풍경과 무수한 시점을 내포하고 있다.

새로운 단순함 / 가능성의 지형

이 건축을 단순하다고 말할 수 있을까? 원리는 단순하다. 깊숙한 몇 개의 공간, 방사형으로 잘록해지는 원룸. 그러나 완성된 평면은 단순한 기하학 형태와는 달리, 말로 표현할 수 없는 복잡함을 담고 있다. 이 집의 단순함이란 생명체의 단순함과 복잡함, 혹은 오랜 시간 강물에 쓸려 형성된 계곡이 보여주는 단순함과 복잡함과 비슷할지도 모른다.

원리가 단순하기 때문에 정밀한 설계 계획을 세울 수 있다. 벽의 각도를 조절해 연결 방식을 결정하는 가운데 위대한 연구를 할 수 있었다. 그러나 이처럼 정밀한 설계 계획 끝에 완성된 공간임에도, 마치 우연의 산물인 듯, 전혀 의도하지 않은 자연의 지형과도 같은 복잡함이 생겨났고 심지어는 버려진 존재처럼 보이기도 한다. 그래서 의도하지 않은 공간을 의도적으로 만들기를 시도했다.

여기서 제안하는 것은 건축물을 만든다기보다는 장소를 만드는 것, 혹은 가능성의 지형을 만드는 것이다. 즉 건축물 속에서 거주자가 다양한 거리감을 선택할 수 있는 지형을 만드는 것이다. 이러한 건축 본연의 모습에서 가능성을 본다.

T 하우스 부부 침실에서는 욕실이 한눈에 보인다. (ⓒ 阿野太一)

방은 12밀리미터 두께의 구조용 합판으로 나뉘어 있다. (ⓒ 阿野太一)

다다미방에서 거실 쪽을 바라본 모습

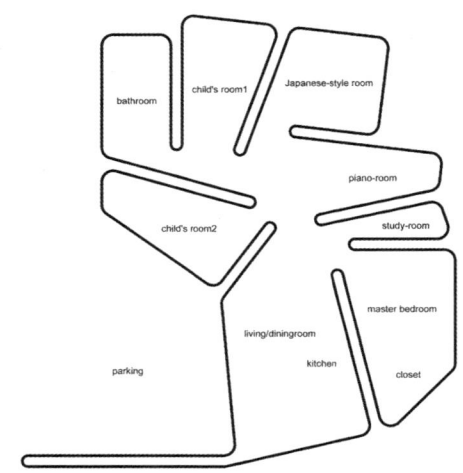

평면도와 다이어그램

아틀리에 / 하우스 인 홋카이도, 2005

가능성의 지형

½+½>1

화가의 아틀리에와 집. 부지는 홋카이도의 전원지대로 창고, 거실, 아틀리에, 욕실로 구성된다. 이 건물은 다섯 개의 층으로 이루어져 있지만 정확히 5층 건물은 아니다. 각 층의 높이는 1050~1750밀리미터로, 하나의 층을 상하 두 단으로 분리해 그 사이에 머물 공간을 만들었다. 가운데의 '흰색 층'이 아래의 '회색 층'과 어우러져 거실 형태를 만들고, 마찬가지로 가운데의 '흰색 층'이 위쪽의 '나무 층'과 어우러져 아틀리에가 된다. 자리에 앉으면 아랫부분의 '흰색 층'에 온몸이 쏙 들어가지만 일어서면 상반신이 위쪽의 '나무 층'으로 나온다. 각 층은 항상 상대적이다. 절반과 절반을 더하면 하나의 층으로는 실현할 수 없는 풍부한 공간이 탄생한다.

보금자리가 아닌 동굴

왜 절반인가. 아마도 이 건축이 '보금자리'가 아닌 '동굴'이기 때문이리라. 보금자리는 거기 사는 사람에 맞춰 만들어진다. 즉 '층'의 개념이다. 그에 비해 동굴은 '지형'이다. 이는 거주자와는 관계없이 그곳에 존재하며 거주자가 거기서 실마리를 풀어낼 수 있는 가능성의 지형이다. 공간 전체에 입체적인 '장소'가 분포되어 있다. 인간이 디자인했지만 자연의 지형과도 같은, 타자의 감성을 겸비한 장소. 이를 위해 판재를 쌓아 올려 만든 건축에 대한 원형적인 제안이 되도록 했다.

외관 모형. 위가 아틀리에이고 아래가 거주 공간이다.

다이어그램

새로운 성립

파이널 우든 하우스, 2005

이상적인 목조 건축물을 만들기 위해 고민했다. 집의 원형이라 부를 수 있는 작은 방갈로이기에 원초적이며 새로운 건축을 할 수 있으리라 생각했다. 가로세로가 350밀리미터인 삼나무 목재를 오로지 쌓기만 했다. 그러다 보니 건축이라기보다 건축 이전의 원형적인 공간이 탄생했다.

목재는 무서우리만치 다재다능한 소재이다. 그리고 그 다재다능함 때문에 목조건물 공간 속에서 다양한 방식으로 활용된다. 기둥이나 서까래 같은 구조재뿐만 아니라 바닥재, 외벽, 내벽 천장, 마루재는 물론, 단열재, 가구, 계단, 창틀 등 건축의 모든 부분에서 활용되고 있다 해도 과언이 아니다. 그러나 여러 방식이 아닌, 목재를 이용하는 단지 하나의 방식으로 그 모든 것을 충족시키는 건축을 만들 수 있으리라 생각을 했다. 이는 목재가 다재다능하기에 가능한 일이다. 다재다능함의 반전이다. 다양한 기능과 역할이 세

분화되기 이전, 혼연일체의 미분화未分化 상태를 유지한 새로운 공간을 창조하고자 했다.

350밀리미터 사이즈의 삼나무 목재는 놀랄 정도로 박력 있는 소재다. 이는 우리들이 목재라고 부르는 것과는 전혀 다른 '어떤 존재'이다. 나무가 확실하게 나무로 존재하는 치수, 그러면서도 신체에 직접 응답하는 치수, 이것이 350밀리미터이다. 이 350밀리미터라는 높이 차이에 의해 입체적인 공간이 생겨난다. 최근 몇 년 동안 나는 높낮이의 차이로 생성되는 공간에 대해 모색해왔다. 그 공간의 가장 큰 특징은 공간적인 상대성과 평면적인 바닥으로는 실현할 수 없는 새로운 거리감이 창출된다는 것이다.

이 건축에는 바닥, 벽, 천장이라는 구별이 없다. 바닥이라 생각했던 곳이 다른 장소에서 보면 의자이기도 하고 천장이기도 하며 벽이기도 하다. 바닥 수평은 상대적이며, 사람이 어디에 있느냐에 따라 공간의 성격이 다른 듯 느껴진다. 인간이 공간 속에 입체적으로 존재한다는 것을 새로운 거리감을 통해 체험할 수 있다. 장소는 분화나 단절이 아닌, 융합 속에서 어렴풋한 실마리로 상정된다. 거주자는 이러한 공간의 기복起伏 속에서 다양한 기능을 찾아낸다. 분화되지 않은 자연의 지형과도 같은 장소이다.

이는 앞서 서술한, 분화되지 않은 건축의 각 요소와도 상응한다. 이 건축물은 구조적인 면과 공간 체험적인 면에서 분화되기 이전의 여러 요소가 서로 융합된 채 존재한다. 모든 건축적 법칙이 부정된다. 평면도 없고 결론도 없다. 이것이 가능한 까닭은 나무가 그만큼 다재다능한 소재이기 때문이다. 단열재인 동시에 구조재이며 마감재인 동시에 가구도 만들 수 있는 소재는 목재뿐이다. 그리고 콘크리트 슬래브가 아닌 나무 덩어리로 높낮이의 차이를 만듦으로써 미분화 상태를 보다 명료한 방식으로 보여준다.

어쩌면 더 이상 이 방갈로는 목조 건축이라는 범주만으로는 정리할 수 없을지도 모른다. 나무로 만든 건축이 목조 건축이라 한다면, 이 방갈로는 단순한 목조 건축이 아니라, 나무 그 자체가 건축적인 절차를 넘어서서 '사람이 머무는 장소'에 직접적으로 연결된 건축이다. 건축 이전의 것이라 칭해도 좋을 원초적인 존재이다. 이는 새로운 건축이라기보다는, 새로운 구성 요소이자 새로운 존재이다.

다재다능한 나무는 세분화되고 각각의 용도에 맞게 다양한 방식으로 사용된다.

거꾸로 말하면, 나무가 그만큼 다재다능한 소재이기 때문에 여러 방식으로 나누지 않고 단지 하나의 방식으로 주거 공간을 만들 수 있다.

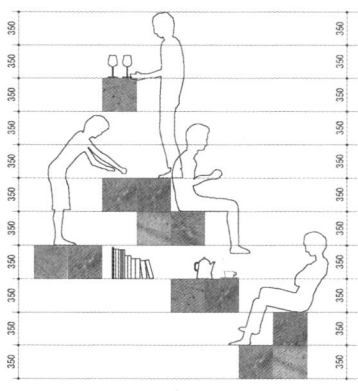

이 건축을 통해 제안하고자 한 것은 나무라는 소재와 사람이 머물 장소라는 개념이 세분화되기 이전, 즉 혼연일체의 원형까지 되돌아감으로써 실현할 수 있는 건축에 대한 것이다.

그와 동시에 350밀리미터는 신체의 치수이기도 하다. 이 치수를 통해 신체와 나무가 직접적으로 만난다. 건축적인 절차를 뛰어넘어 나무 그 자체가 사람을 위한 장소가 된다.

새로운 좌표계
약하다는 것 / 공간과 관계성

2005

단게 겐조(丹下健三, 1913~2005, 세계적인 일본 건축가. '히로시마 평화기념 공원', '요요기 국립경기장' 등 다수의 건축물을 남겼다-옮긴이)의 평전을 다시 읽고 있다. 항상 펼쳐보는 부분은 그의 작품 중 내가 제일 좋아하는 '도쿄 성모마리아 대성당' 페이지다. 공모전 당시의 과정부터 건물이 완성되기까지의 스릴 넘치는 이야기를 읽어가던 중, 후반부에서 '인간 군상'이라는 단어와 만났다. 그리고 '혼자'라는 단어도 발견했다. 도쿄 성모마리아 대성당에 대한 기토 아즈사 씨의 평론에서였다.

"군중의 규모에 따라 비로소 드러나는 공간의 스케일이 거기에 있었다. (…) 단게 겐조는 언제나 수많은 대중을 그 대상으로 할 때 유례없는 공간을 만들어냈다. 그러나 개인에 대해서는 비정했다."

수많은 대중, 후지모리 데루노부(藤森照信, 1945~, 건축가. '구마모토 농업

대학 기숙사', '라무네 온천관', '자귀나무 어린이미술관' 등을 건축했다-옮긴이)는 이를 '군중'이라 표현했다. 몇 번인가 찾아간 도쿄 성모마리아 대성당의 정경을 떠올려본다. 개인적인 생각이지만, 만약 그곳을 독차지할 수만 있다면, 내게는 더없이 행복한 시간이 될 것이 틀림없다. 입구의 낮은 천장을 지나 본당으로 향할 때 느끼는 심리적인 고양감, 인간이 만들었다고는 믿기 어려울 정도로 원초적인 공간의 모습은 군중을 위한 장소인 동시에 개인에게도 훌륭한 공간이다. 군중과 개인, 양쪽을 모두 받아들이는 장소는 이상적인 건축이다. 잠깐 동안 행복한 기억을 떠올려보았다. 그러나 곧 과연 내가 그와 같은 공간을 만들어낼 수 있을까, 하는 질문이 들려왔다. 그리고 그와 동시에 '둘'이라는 단어가 머릿속에 떠올랐다.

내가 미래에 모색해갈 새로운 건축은 군중의 건축도 개인의 건축도 아닌, '둘의 건축'이 아닐까 생각한다. 다양한 생각을 지닌 군중을 위한 장소도 아니고, 확고하게 규정된 개인을 위한 장소도 아니다. 둘의 건축은 혹시 너무 느슨한 시각은 아닐까. 하잘것없는 변주에 불과할까. 그러나 나는 '둘'이라는 시점에 현대적인 가능성이 있으리라고 생각한다. 한 명의 개인이 아닌, 둘이라는 것은 본질적인 전환을 의미한다고 본다.

둘이라는 것

둘은 무엇일까? 이는 '관계성'과 연결되어 있다. 두 사람이 있을 때 거리감이 생겨난다. 거리감이란 공간화된 관계성이다. 개개의 영역이 분절된 동시에 연결되어 있을 때, 그 분절과 연결의 정도에 따라 각양각색의 관계가 생겨난다. 개개의 공간 자체가 문제인 것이 아니라, 공간들끼리의 관계성이 중요해진다. 그럴 때 건축은 이제 더 이상 목적이 될 수 없다. 건축이 한 발 뒤로 물러난다.

이런 식으로 말해도 좋을 것이다. 르코르뷔지에le Corbusier는 자신의 건축을 위한 이상적인 인간을 '노블 브루트(noble brute, 고상한 동물-옮긴이)'라 상정하고 그를 위한 건축을 구상했다. 이렇듯 무언가를 기본적으로 상정하고 시작하는 것이 기능주의다. 그러나 '둘'이 된 순간, 이러한 상정은 의미가 없어진다. 그보다는 거기에서 발생하는 다양한 관계가 중요해진다. 르코르뷔지에와는 반대로 둘이라는 것을 상정하지 않고, 그 둘 사이의 구체적인 관계성도 상정하지 않은 채, 그저 둘 사이에 다양한 관계성이 생겨날 수 있다는 사실만을 상정하는 것으로 건축을 할 수 있다고 생각한다. 상정된 관계성을 위해 고정된 공간 구성을 만드는 것이 아니라, 다양한 관계성이 생겨날 수 있도록 하나의 장을 만드는 것이다.

그리고 이때 상정되지 않는 둘은 어떤 의미로는 타자이다. 구석구석까지 계획되고 컨트롤된 '건축'이라는 영역에 절대적인 타자가 잠입한다. 이는 하나의 사건이다. 나는 이를 환경이라는 키워드로 지칭하는 이 시대에 새로운 가능성이라 생각한다. 환경이란 컨트롤되지 않는 절대적인 타자이기 때문이다. 환경을 키워드로 하는 건축의 근본은 이러한 타자를 받아들이면서 이를 어떤 방식의 건축으로 가능하게 할 것인가에 대한 것이다. 둘이라는 말은 군중도 개인도 아닌, '타자'를 받아들인 건축의 가능성에 대해 암시한다.

코페르니쿠스가 지구를 우주의 중심에서 떼어내고, 다윈이 인간을 생물의 정점에서 떼어냈듯, 둘이라는 개념은 건축을 공간의 정점에서 끌어내린다. 건축은 더 이상 목표가 아니며, 한 발 뒤로 물러난다. 그러나 이는 건축에 나쁜 영향을 주지 않는다. 오히려 보다 보편적인 공간 개념에 따라 건축을 다시 정의하는 것이 가능해진다. 둘이라는 다소 느슨한 개념으로 다시 한 번 건축을 새롭게 구축하는 것이 가능할지도 모른다. 나는 군중도 개인도 아닌 '둘'에서부터 나의 건축을 시작하고자 한다.

좌표계

며칠 전, 나보다 나이가 약간 많은 건축가 몇 명과 이야기를 나눌 기회가 있었다. 장소는 도쿄 가부키초의 피아노 바. 수수께끼처럼 신비한 분위기를 풍기는 곳이었다. 시간은 흘러 밤 12시를 넘어서고 있었고 이야기는 복잡한 주제로 발전해갔다. 그러다 "건축에서 무엇을 고민해야 하는가?"라는, 정답이 없는 근원적인 화제로 옮아 갔다.

솔직히 말해 꽤나 당혹스러웠다. 사회와의 접점, 건축가라는 직업적인 능력의 확대 같은 단어들이 나를 괴롭혔다. 아무리 생각해도 답이 나오지 않았다. "아무것도 고민하지 않는다"는 것이 나의 정직한 대답이었다. 나를 자극하는 동기부여는 지극히 단순하다고 할 수 있다. "르코르뷔지에나 미켈란젤로 같은 건축가가 되고 싶다. 정말 그런 생각으로 건축을 하고 있다"는 것이 고작 내가 내놓은 대답이었다. 완전히 얼간이 같은 발언이다. 그러나 정말 정직한 발언이기도 했다. 물론 이것이 르코르뷔지에처럼 유명해지고 싶다는 말은 아니다. 그들의 건축이 그러하듯, 그 시대에 새롭고, 100년이 지난 지금도 새롭고, 미래에도 계속 새로울 수 있는 건축을 하고 싶다.

그건 당연한 소리라고 할지도 모른다. 혹은 과연 그런 건축이 가능한지, 그들이 그렇게나 대단한 건축가인지 되물어볼 수도 있다. 그러나 나는 보고 말았다. 해가 뜨는 마르세유에서 서서히 그 모습을 드러내던 '유니테 다비타시옹(르코르뷔지에가 세운 집합 주택-옮긴이)'이라는 절대성을. 그 거친 콘크리트 덩어리에 밀착되어 거듭되던 강하지 않은 선과 그 선에 의해 드러난 투명한 기하학을. 또 단풍 들 무렵의 베를린, 멈춘 시간 속에 서 있는 하나의 공간을 보고야 말았다. 미스 반데어로에Mies van der Rohe가 도달한 공간 속의 공간을. 이것들은 건축이 시간을 초월한 새로움, 비전을 유지해 나갈 수 있다는 사실을 보여준다. 그러나 이는 단순히 미래를 향한 새로움만은 아니다. 원초적인 미래를 거슬러 올라가는 것 같은 존재들이다. 이러한 건축을 보았다면 더 이상 무슨 설명이 필요할까? 그저 그러한 건축에 다가서고 싶다고 생각할 뿐이다.

그렇다면 무엇이 새로운가? 나는 그것이 좌표계라고 생각한다. 좌표계란 단순히 형태에 대한 것만은 아니다. 무언가 새로운 가치관, 사물을 사고하는 틀과 같은 존재다. 근대라는 시대를 예로 들어보면, 그 시대가 지닌 데카르트 좌표, 절대 시간, 절대 공간처럼 시대 자체가 모든 인식을 규정했다. 그리고 그러한 좌표계는 공간화될 수 있다. 미스 반데어로에나 르코르뷔지에의 건축을 본 순간 느낀 놀라움은 우리 가치관의 근저를 가로지르는 좌표계 자체를 너무나도 간단히 실물의 공간으로 보여주었다는 데서 온다. 나는 정말 놀랐고 건축을 계속해도 괜찮을지 진지하게 고민했다. 그들의 건축을 보고 난 후, 그 좌표계를 가지고 몇 번인가 장난도 쳐보았지만 허무하게만 느껴졌다.

그러나 스스로에게 지속적으로 동기를 부여할 수 있는 방법이 있다면 아마도 그것은 새로운 좌표계의 모색, 즉 그들의 건축과는 다른, 현대에서 일반화할 수 있는 새로운 좌표계에 대한 모색일 것이다. 이 시대의 새로운 좌표계는 다음 시대에도 낡지 않을 것이며, 새로운 좌표의 시초라고 하는 충격은 지속될 것이다. 어쩌면 이렇게 말해야 할지도 모른다. 시대에서 좌표계를 떼어내는 것이 아니라, 새로운 좌표계를 제시하는 것으로 시대가 현실이 되는 이미지를 그려야 한다고 말이다. 나는 우리들 시대의 새로운 좌표계를 모색하고 그대로의 형태를 건축으로 현실화하는 일에 착수해야 한다고 생각했다.

거처

그렇다면 어떻게 해야 '둘'이라는 빈약한 전제에서 새로운 좌표계라는 거대한 곳까지 도달할 수 있을까? 여기에서는 그 첫걸음으로 '거처'를 제시하고자 한다.

거처도 '둘'과 마찬가지로 '연약한 주장'이다. 그러나 거처는 '둘'을 공간화할 수 있는 가능성이며 내게는 보다 현실적인 주장이기도 하다.

대학을 졸업하고 설계를 시작할 당시, 운 좋게도 의료 시설을 증축하는 작은 일을 맡을 수 있었다. 감사한 일이었지만 갈등이 생겼다. 의료 시설이라는 대단히 특수해 보이는 건축을 특수한 건축이라고 인식한 상태에서 만드는 것이 옳은가, 하는 갈등이었다. 좀 더 설명하자면, 가능하면 주택처럼 일반적인 건축을 하고 싶다는 무지한 바람이기도 했다. 그 당시에는 주택이 일반적이라는 상정 자체가 이미 근거 없는 것이라는 데까지 생각이 미치지 못했다.

이렇듯 복잡한 상황에서 도달한 결론은 병원은 주택인 동시에 도시이기도 하다는 것이었다. 이렇게 이해하면 병원은 병원이라는 특수한 건축 장르가 아니라, 사람이 머무르기 위한 장소를 어떻게 만들 것인가, 하는 모호하면서도 근원적인 문제를 해결해나갈 수 있으리라 생각했다.

그 생각의 절반은 옳았다. 의료 시설 건축 일을 몇 번 더 하는 동안, 내 안에서는 주택과 병원, 도시가 모두 녹아서 하나가 되었다. 그러고는 "사람이 머물기 위한 장소를 어떻게 만들 것인가"라는 근원적인 물음으로 거슬러 올라가기 시작했다. 루이스 칸은 그것을 '방'이라고 불렀다. 나는 '거처'라는 단어를 이용해 '방'보다 한 발 더 거슬러 올라가보려 했고, 보다 더 근원적인 장소의 이미지를 그려보고자 했다.

그렇다면 '거처'란 무엇일까? 거처란 사람이 머물기 위한 장소이다. 그러나 이는 사람이 머물 수 있도록 준비된 장소는 아니다. 사람이 장소를 '찾아낼 수' 있는 곳, 그런 기회로 가득 찬 곳을 거처라 할 수 있다. 예를 들자면 '보금자리'가 아니라 '동굴'이 바로 그런 곳이다. 보금자리는 그곳에 사는 대상에 맞춰 만든 공간이지만 동굴은 그저 그곳에 있을 뿐이다. 그리고 내부의 다양한 기복 속에서 거처를 발견할 수 있다. 그러므로 거처는 방일 필요가 없으며, 섬세한 기복과도 같다. 여기서 말하는 기복이란 관계의 개념이다.

특정한 장소를 단독으로 잡아 공간의 오르내림에 대해 논할 수 없다. 다른 장소와 맺는 관계 속에서 비로소 기복이 존재하기 때문이다.

마찬가지로 거처 역시 그 자체만을 단독으로 거론할 수 없다. 거처는 다른 거처와 관계를 맺으면서 비로소 거처로서 의미를 지니게 된다. 아무것도 아닌 것이 또 다른 아무것도 아닌 것과 관계 맺음으로서 무언가가 된다는 사실. 그 자체로는 대단히 연약하고 미미한 것들이 서로 관계를 맺고, 그 때문에 생겨난 관계성 자체가 거처가 된다. 이렇게 '거처'는 '둘'이라는 개념을 가짐으로써 관계성의 개념을 공간화한다. 방보다 훨씬 더 느슨한 공간의 기복, 그 관계성 가운데에서 인간은 거처를 찾아낸다. 그리고 이런 모호한 것이 건축의 기초가 될 수 있다. '그 자체로는 단독으로 성립되지 못한다'라고 하는 연약한 성격이 반대로 다른 장소와의 연결을 암시하며, 국소적인 동시에 전체적인 성격을 띤다는 새로운 질서의 가능성을 열어간다.

부분으로부터의 건축

거처라는 흐릿한 개념이 상호 관계를 가지고 연계해가는 것으로 '약한 전체'를 만들어간다고 가정해보자.

나는 이를 '부분으로부터의 질서'라 부르고자 한다. 이는 커다란 골격으로부터 질서를 잡아가는 근대의 방식과는 정반대이지만, 근대의 방식만큼이나 일반성을 띤 질서라고 생각한다. 앞에서도 언급했지만 시가지를 만들 때를 예로 들어보면, 먼저 큰길을 만든 후 그에 연결되는 도로를 뚫고 구역을 나눠 집을 지어가는 방법이 있다. 이는 커다란 골격에서부터 질서를 잡아나가는 방식이다. 그에 비해 작은 골목길, 혹은 작은 광장에 인접한 것들과 연계해 느슨한 관계를 맺고 확대되어가는 시가지 디자인도 상상해볼 수 있다. 오래된 마을은 많든 적든 이런 식으로 세워진 것들이 많다. 이처럼 부분과 부분의 국소적인 관계성에서 느슨한 질서가 생겨나는 것을 '부분으로부터의 질서'라 불러도 좋다. 여기서 부분은 결코 '부품'이 아니다. 부품은 단독으로 취할 수 있는 단위이며, 이것들을 조합하기 위한 거대한 질서가 필요하다. 그에 반해 여기서 말하는 '부분'은 거처가 그러하듯, 그 자체로서는 성립하지 않는 상대적인 것들을 말한다. 이것들이 상호 관계를 맺기 시작하면서 '느슨한 전체'로 통합된다. 그러므로 여기에 거대한 방식은 존재하지 않는다. 그저 '약한 부분'들이 서로 연계해나가고 있는 것이다.

이런 식의 질서 창조 방식은 앞서 예시한 시가지 디자인에만 국한된 것은 아니다. 예를 들어 숲이 생성되는 방식처럼 자연의 복잡한 질서와도 비슷하다. 숲의 나무는 누군가가 배치한 것이 아니다. 그러나 어떤 질서를 지니고 있다. 인접한 나무들끼리 각각의 관계를 맺어가며, 나무 사이가 너무 가깝다면 그중 한 나무가 쓰러지고, 너무 떨어져 있다면 그 사이에 다른 나무가 뿌리를 박는 식의 질서가 생겨나는 것이다. 자연의 그것과도 같은 건축이 완성된다면 기묘하게 모호하지만 그와 동시에 일반성을 띤 새로운 질서가 탄생할지도 모른다. 거처라는 국소적이며 약한 존재 사이에 일어나는 미약한 연쇄반응을 통해 '흔들리는 전체'가 탄생된다. 이러한 방식에서 새로운 가능성을 본다.

허구의 테트라포드

너무 추상적이었던 것 같아 다음 페이지에 몇몇 구체적인 프로젝트를 제시했다. 이렇게 늘어놓고 보니 어쩐지 '테트라포드(중심에서 사방으로 네 개의 원기둥이 솟아 있는 모양으로, 방파제에 쓰이는 거대한 콘크리트 구조물-옮긴이)'라는 단어를 쓰고 싶어진다. 테트라포드라고 하면 그 독특한 형태를 먼저 떠올리게 되지만, 내게 흥미로운 것은 사물 자체라기보다는 그 '사이'다. 끝없이 혼잡스럽고 철저하게 인공적인 형태 속에 규칙성과 혼돈이 기묘하게 동거한다. 말하자면 인공과 자연의 사이이며, 전체를 통합하는 질서는 없고 단지 구조적인 관계에 의해 이루어지는 장소의 총체이다. 그러므로 테트라포드의 형태가 사라지고 그 틈새만 남는 것이 이상적인 건축이라고 생각한다. T 하우스에서 이러한 공간은 건물 뒤편에 해당하는 곳이다. 그 공간은 사실 T 하우스의 앞쪽 공간 때문에 생겨났다. 인접한 공간이 각각 상호 의존해가며 서로가 서로를 성립시키고 있다. 또 앞과 뒤의 공간은 중앙 부근에서 서로 어우러지고, 결국은 앞과 뒤라는 개념이 사라진다. 어디가 앞인지 어디가 뒤인지 말할 수 없는, 혹은 어디가 물체이고 어디가 틈새인지 말할 수 없는 '가공의 테트라포드 공간'을 이미지화하는 것이 가능하다. 이를 '허구의 테트라포드'라 칭하고자 한다. 이러한 허구의 테트라포드가 새로운 건축에 대한 하나의 이미지가 되리라 생각한다.

그렇다면 허구의 테트라포드는 어떤 좌표계를 시사할까?

N 하우스, 2000

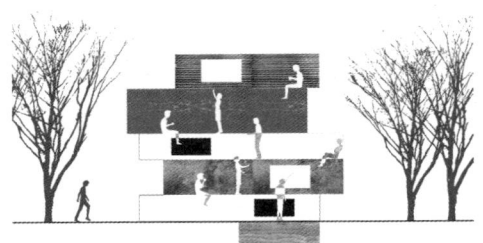

아틀리에 / FJ 하우스

오직 거처만으로 이루어진 건축. 350밀리미터 간격으로 쌓은 판재가 도처에 높낮이를 만들어가며 가능성의 지형을 창조해낸다. 다양한 실마리로 가득 찬 인공적인 동굴이라 말할 수 있다. 'N 하우스'에서는 판재 사이의 상호 관계만이 설정되었고 전체는 구름처럼 모호한 상태로 방치되었다. 그러나 분명한 것은 여기에 질서가 존재한다는 사실이다. 구조, 설비 등 모든 건축적 요소가 형식 안에 융합된 원형적인 프로젝트이며, 공간과 인간이 서로 섞여 있다. 즉 공간 속에 인간이 존재하는 것이 아니라, 인간이 존재함으로써 공간이 만들어진다고 하는 새로운 공간 개념을 제시했다. 이것을 발전시켜 홋카이도의 아틀리에 프로젝트를 진행하고 있다. 그 자체만으로는 의미가 없는 2분의 1층 높이의 입체를 서로 약간씩 비켜가며 쌓아 올렸다. 이렇듯 관계성을 모색하며 쌓아 올리는 것으로 가능성의 지형이 생겨난다.

아오모리 현 현립미술관 설계 공모전 / 2등, 2000
숲 속에 세울 미술관의 공모전에 제출한 설계안. 숲이 생성되는 방식과 같은 원리로 건축을 할 수 있지 않을까 생각했다. 이런 방식을 표현하기 위해 이때 처음으로 '약한 건축'이라는 말을 사용했다.

'안나카 환경 아트 포럼' 설계 공모전 / 최우수상, 2003~

거처라는 것이 지닌 가장 완만하고 희미한 상태를 최대한 그 자체의 형태로 이미지화한 프로젝트다. '절대영도(열역학적으로 생각할 수 있는 최저 온도로 영하 약 273도이다. 기체의 부피가 이론상 0이 되는 지점이다-옮긴이)'의 흔들림과 건축에서의 '초끈 이론(우주를 구성하는 최소 단위를 끊임없이 진동하는 끈으로 보고 우주와 자연의 궁극적인 원리를 밝히려는 이론-옮긴이)'을 이미지화한 것으로, 거리와 공간에 대한 새롭고 풍부한 의미가 생겨난다. 이 설계안의 원형이 된 'T 하우스'와 함께 다양한 영역의 상호 의존적인 관계성이 공간의 풍부한 가능성을 비약적으로 증폭시킨다. 건축물들은 떨어져 있지만 그와 동시에 서로 연결되어 있다.

정서 장애 아동을 위한 단기 치료 시설, 2004~

홋카이도에 지을 계획인 정서 장애 아동을 위한 단기 치료 시설. 많은 수의 상자를 흩어놓는 것만으로 건축할 수 있는 방법에 대해 고민했다. 무작위성과 정밀한 계획의 동거, 우연히 만든 지형, 인공적인 것과 인공적이지 않은 것의 사이, 디자인과 논디자인의 사이, 중심이 없는 것이 아니라, 무수히 많은 중심이 존재하는 건축에 대한 시도다.

오선 없는 악보

서른 살이 되었을 때, 무언가 해야만 된다는 생각에서 갑자기 피아노를 시작했다. 그때까지 한 번도 접해보지 않았던 것이라 무모한 시도였지만, 바이엘의 오른손 연습부터 시작한 피아노는 내게 새롭고 무언가를 암시하는 세계였다.

어느 때인가 바흐의 곡을 치던 중, 아니 쳐보려고 연습하며(물론 초급자용 곡이다) 악보와 격투를 벌이던 중, 갑자기 '바흐는 미스 반데어로에다'라는 생각이 떠올랐다. 엄밀히 말하자면 바흐가 미스 반데어로에인 것이 아니라 오선과 작은 마디라는 악보 기재법으로 이루어진 서양음악이 미스 반데어로에라고 할 수 있다. 왜 그럴까.

악보는 다섯 개의 가로선과 작은 마디를 나누는 세로선으로 이루어져 있다. 이러한 기본 틀 위에 여러 음을 그린다. 작은 마디를 나누는 가로선에 따라 악보 속의 시간은 4분의 4, 혹은 8분의 6 등 정해진 박자에 의해 균등하게 흘러간다. 그리고 그 시간의 흐름 속에 다양한 음이 배치된다. 간단히 말해, 균등한 시간이 설정되고 난 뒤에 다양한 음이 배치되는데, 시간을 공간으로, 음을 사물로 바꿔본다면 이는 마치 미스 반데어로에로 대표되는 근대 건축의 공간 개념 그 자체와도 같다. 마디를 구분하는 세로선 대신, 균등한 모눈 위에 기둥이 줄지어 있는 것이다.

그렇다면 미스 반데어로에가 아닌 음악이 가능할까? 순간적으로 비파, 통소 같은 일본 악기가 떠올랐다. 즐겨 읽는 다케미쓰 도루의 책에서 받은 영향도 크리라고 보지만, 이들 악기를 통한 울림의 연쇄 작용이 본질적으로 미

오선 없는 악보

스 반데어로에로 대표되는 근대의 것과는 차원이 다르다고 직감했다. 여기에는 음 자체가 고유의 시간을 지니고 있다. 혹은 어떤 음이 다른 음과 관계를 맺을 때, 처음으로 그곳에 관계성이라는 고유의 시간이 탄생한다. 이런 이미지들을 토대로 한 연상 작용을 통해 오선이 없는 악보를 그려보았다. 오선 위의 음악이 '균질적인 시간의 흐름 속에 배치된 사물로서의 음'이라고 한다면, 오선이 없는 악보는 '각자의 음에 고유의 시간이 흐르고 있으며, 어떤 음의 시간이 다음 음의 시간과 이어지며 음에서 음으로 시간이 이어진다'라고 할 수 있다. 즉 서로 완전히 반대의 것이다.

여기에서 시간을 공간이란 말로 바꿔보면, 그대로 공간적인 질서에 대한 이야기로 변환된다. 그리고 오선과 마디가 근대의 좌표계라고 한다면, 미스 반데어로에는 "아무것도 그려져 있지 않은 오선 자체를 음악으로서 성립시켰다"라고 말할 수 있다. 그러한 좌표계의 원형을 제시한 것이다. 그에 반해 내가 모색하는 새로운 좌표계란 미스 반데어로에와는 반대로 '오선이 없는 악보'가 암시하는 좌표계라 말할 수 있다. 그러므로 앞서 서술한 '둘'이라는 개념은 근대적인 좌표계 위에 두 명을 배치한 것이 아니라는 사실을 알 수 있다. 그와 반대로 두 명이 존재하기 때문에 시작되는 좌표계, 둘이라는 국소적인 관계성의 연속성에 따라 확장되는 좌표계이다. 배치가 아닌, 새로운 좌표계로의 전진이다. 다르게 표현해보자.

르코르뷔지에는 "건축은 빛 속에 모인 볼륨의 장엄한 유희다"라고 말했다. 절대적 배경인 빛 속에 다양한 오브제가 배치되어간다는 말이다. 여기서 좌표계란 모든 것의 배경인 빛이라 할 수 있다. 르코르뷔지에는 마르세유에 그러한 빛을 건축했다. 그렇다면 내가 말하는 새로운 좌표계란 어떤 빛일까. 그것은 배경의 빛인 동시에 그 속에 배치되는 오브제이기도 하다. 공간을 존재하게 하는 것과 그 공간 속에 있는 것이 다르지 않다는 말이다. 공간이란 입자 사이의 관계이다. 그리고 공간 속에 있는 것이 공간 자체에 영향을 준다. 이는 '관측자'가 공간과 분리될 수 없는 존재로서 이해되는 양자론의 공간 개념과 가깝다고 할 수 있다. 그러므로 여기에서 말하는 빛이란 순수한 배경으로서의 빛이 아닌, 다양한 것이 혼재하지만 아직 분화되지 않은 혼돈의 빛, 원초의 빛이라 할 수 있을지도 모른다. 이러한 근원적인 빛을 새로운 좌표계로서 실현하고자 한다.

약하다는 것

앞서 '일본 악기의 울림'이라는 말을 썼다. 그러나 나는 '근대=서양, 새로운 좌표계=일본' 이라는 식으로 단순화할 생각은 없다. 그러나 일본적인 것 중 몇 가지는 이 새로운 좌표계에 있어 암시하는 바를 지니고 있다고 생각한다. 앞서 서술한 음의 이야기로 돌아가자면, 오선이 없는 악보의 박자는 유동적이다. 결코 절대적인 배경을 필요로 하지 않는다. 그런 까닭에 음과 음은 관계를 맺고 서로 영향을 주고받으며 서서히 시간을 만들어간다.

이런 것을 생각하고 있자니 몇 년 전 빠졌던 다도가 떠올랐다. 아주 잠깐이기는 했지만 집중적으로 빠진 때가 있었다. 다도란 시간의 예술이다. 다도는 몇몇 몸짓의 연결로 이루어진다. 현대적인 감각에서 보자면 다도에서 행해지는 개개의 몸짓은 의미 없거나 쓸데없는 동작으로 여겨지기도 한다. 나는 그 불가해한 동작 속에 시간이 스며들어 있는 것이 아닐까 생각한다. 이는 다도의 몸짓이 합리적이라고 주장하기 위해 억지로 해석한 것이 아니다. 개개의 몸짓을 행하는 것으로 그곳에 고유의 시간이 흐르기 시작한다. 그렇게 각각의 몸짓을 행하는 것으로 시간은 다음의 시간과 이어진다. 이는 현대의 균질적인 시간이 아니다. 아마도 다도가 성립된 당시의 시간 감각에 가까운 것이 아닐까 상상해본다. 다도에 필요한 몸짓을 하며 그것에 몸을 맡길 때, 센노 리큐(千利休, 1522~1591, 일본 다도를 정립한 인물-옮긴이)가 느낀 시간의 흐름을 우리도 깨달을 수 있다. 균질한 시간의 흐름이 절대적인 배경이 아니다. 시간 속에 움직임이 있는 것이 아니라, 움직임에 의해 시간이 흐른다.

문화 예술 평론가인 야스다 요주로保田與重郎가 《일본의 다리》라는 책에서 논한 일본의 길에 대한 이야기도 떠오른다. 로마의 길은 자연과 인공물의 온갖 장애를 넘어 일직선으로 연결되어 있다. 이는 강하고 거대한 방식에 의해 생성된 것이다. 그에 비해 일본의 길은 산과 맞닥뜨릴 때마다 구부러지고 계곡과 만날 때마다 돌아간다. 구불구불 구부러지며 전진한다. 여기에는 로마의 길과 같은 강인함은 없지만 그렇다고 질서가 없다고는 할 수 없다. 오히려 자연의 탄생 과정과 닮은 완만한 질서가 있다.

이런 식으로 몇 가지를 계속 연상하다 보면 '약함'이라는 단어가 떠오른다. 이는 단순히 건축이 빈약하다거나 인상이 흐릿하다거나 하는 의미가 아니다. 도쿄 성모마리아 대성당을 좋아하는 나는 공간의 물리적이며 심리적인 강도가 중요하다는 데 동의한다. 단지 그 강도를 실현하는 방법은 다양해도 좋다는 말이다.

약함이란 확고한 부품이 확고한 질서 아래에서 조립되는 것과는 반대로, 그 자체로서는 성립할 수 없는 부분들이 서로 관계를 맺고 서로를 지탱하는 것이다. 그리고 약한 것들이 연속적으로 이어짐으로써 전체적으로는 '흔들림 있는 질서'가 생긴다. 약하다는 것은 이런 식의 창조 과정이며, 이 과정을 뒷받침해주는 새로운 질서에 대한 가능성이기도 하다. 그리고 첫머리에 서술했듯, 약함이란 타자를 받아들인다는 의미에서 환경을 키워드로 하는 이 시대의 공간 질서이기도 하다. 또 약한 것들의 연쇄적인 연결은 정보 네트워크와 원리적으로 이어질 가능성을 지니고 있다. 정보란 관계성의 개념이기 때문이다.

근대에 대해 르코르뷔지에는 직접적인 기계가 아닌, 투명한 기하학으로 응답했다. 마찬가지로 현대에 대해서도 표층적인 환경이나 정보가 아닌, '약함'이라는 공간 질서와 좌표계를 이용해 본질적으로 응답할 수 있으리라고 본다.

귀환 · 출발

이렇게 해서 드디어 '약함'이라는 단어에 이르렀다.

이 논문은 내게 '약함'으로 귀환하는 여행이었다고 할 수 있다. 이 여행은 3년 전에 시작되었다. 2002년 〈신건축〉 9월호에 논문이 실렸다. 건축가인 이토 도요伊東豊雄가 쓴 〈이치로 같은 건축가들〉이다. 논문 속에서 이치로(미국에서 활동하는 프로 야구 선수-옮긴이) 같은 건축가 중 한 명으로 나도 언급되었고 '약한 건축'이라는 발언과 함께 거론되었다. "후지모토도 다른 이와 토론하고 대화하며 무언가를 만들어내겠다고 생각하지는 않는 듯 보인다. 혼자서 묵묵히 차분하게 건축에 임하는 부드러운 건축가"라는 표현에 약간 당황했고, 바로 그 자리에서 그것에 대해 이야기(반론은 아니었다)하고 싶었다. 그러나 그러지 못했다. '약함'이라는 것에 대해 명확하게 설명할 수 없었기 때문이다. 그리고 나는 표류하기 시작했다. '약함'을 발견하기 위한 표류였다고 해도 좋다.

논문이 발표된 지 3년이 지났다. 그동안 몇몇 작품을 완성했다. 건축 설계 공모전에도 몇 번 응모했지만 대부분 떨어졌고 가끔은 붙기도 했다. 이런저런 것들을 모색하고 괴로워하는 가운데 내 안에서 '약함'이 다양하게 변화했고 커져갔다. 내게 그것은 목표가 아닌 실마리였다. 그리고 그 여행의 경위를 어떻게든 여기에서 표명하고 있다.

귀환이란 새로운 출발이다. 이렇게 자신의 주장을 정리하고자 하는 시도는 그것을 넘어서기 위한 것이기도 하다. 그러므로 이토 씨의 염려는 기우였다. 글 속에 제기한 주장은 지금 내가 가지고 있는 개인적인 생각이지만 이에 만족하지는 않는다. 그리고 이 논문은 개인적인 출발점을 일반적인 것으로 공론화하고, 다가올 미래에도 공유할 수 있는, 결코 착지하지 않는 물음으로 키워가고자 하는 첫걸음이다.

불완전함을 만들어내는 것
- 열린 계통, 공간의 원형

노보리베쓰의 복지 시설, 2006

홋카이도 노보리베쓰 시登別市의 주택지에 세운 치매 노인 환자를 위한 복지 시설. 건물은 입구를 끼고 두 개의 건물로 나뉘며, 한 건물에 아홉 명씩 총 18명의 노인 환자가 직원들과 함께 생활하는 장소이다. 대단히 특수한 건물처럼 생각할 수도 있지만, 사람이 사는 장소의 원형을 만들었다는 의미에서는 그 특수성을 내포하고도 남는 일반성을 띤다고 할 수 있다. 이는 하나의 커다란 집을 만드는 일과 비슷하다. 혹은 하나의 작은 도시를 만드는 것과도 닮았다. 나는 작은 사회에 공간을 부여하고자 했다. 반대로 표현하자면 공간이 작은 사회를 재편하려고 했다.

떨어져 있다는 것, 연결되어 있다는 것

이 건축은 '기적의 건축'이다. 기적의 건축이란 떨어져 있으면서도 연결되어 있는 것이며, 직접적으로 살을 맞대지 않는 서로가 공간을 공유하는 것이다. 시설 직원 입장에서는 입원자의 상태를 늘 살펴볼 수 있으므로 어디에서 어떤 식으로 도움을 줘야 할지 직감적으로 알 수 있다. 생활공간에 직접적인 감시는 필요하지 않다. 한편 입원한 노인들의 입장에서 보면, 혼자 있고 싶을 때는 어딘가에 숨을 수도 있다. 그러나 완전히 고립되지는 않는다. 다른 사람의 기척을 느끼며, 이어져 있는 것과 떨어져 있는 것 사이를 자유롭게 왕래한다. 수십 명이 타인의 기척을 느끼며 어떨 때는 함께, 어떨 때는 떨어진 채 서로 어울려 생활하는 공간을 만들고자 했다.

공간의 거대한 불완전함 속에 산다

평면은 지극히 단순했다. 건물 중앙에 거실, 주방, 식당 등 공동 공간이 있고, 그 양쪽에 방과 욕실이 늘어서 있다. 그러나 이 건축을 평면으로 해석하는 것은 바람직하지 않다. 보다 정확하게 해석하기 위해서는 우선 9칸짜리 우물 정 자 모양의 커다란 구조물을 살펴봐야 한다. 이 격자무늬 구조물이 수직으로 여유롭게 설치됨으로써 떨어져 있는 것과 이어져 있는 것에 의한 공간의 억양이 생겨난다. 이 구조물의 한쪽 부분은 거실과 식당으로 확대되고, 또 다른 끄트머리에서는 가설물처럼 보이는 나무 벽이 방과 욕실을 둘러싸고 있다. 나무 벽은 희고 커다란 구조물의 존재감을 두드러지게 해 서로를 돋보이게 한다. 나무 벽의 위치를 조절함으로써 방 앞에 여유로운 입구 공간이 생겨나고, 이를 통해 직접적으로 방이 거실 등의 공동 공간과 접하지 않도록 배려했다. 그리고 안쪽에는 이런 시설에 필요한 넉넉한 수납공간과 화장실을 분산해 배치했다. 모든 것이 공간의 낭비 없이 꼭 맞게 배치되었다. 그러나 실제 공간은 필요한 기능을 넘어 느긋한 분위기가 지배한다. 커다란 구조물의 여유 속에 기능이 자연스럽게 솟아나오는 듯한 구조이다. 생활하기 위한 장소라는 조건이 드러나는 것이다.

벽이면서도 벽이 아닌 벽

비스듬하게 잘린 벽은 절반은 벽이지만 절반은 벽이 아니다. 벽과 벽이 아닌 것의 중간, 존재와 비존재 사이의 상태이다. 삼각형 벽은 근원적으로 벽에 둘러싸인 공간을 만들어내지만, 벽을 따라 이동하면서 서서히 주변 공간과 연결되어간다. 어디에서 어디까지가 방인가, 하는 물음은 의미가 없다. 거기에는 단지 어느 정도로 벽에 둘러싸여 있는가, 하는 공간의 억양이 있을 뿐이다. 내가 있는 장소와 시선의 높이 차이에 의해 어딘가 부족한 듯한 삼각형 벽이 서로 복잡하게 관계를 맺는다. 그 때문에 단정한 평면에서는 상상할 수도 없는 풍부한 깊이감이 생겨난다. 그리고 한 발 내딛을 때마다 풍경 전체가 재편된다.

건축이란 불완전함을 만들어내는 것이라고 해도 좋다. 공간의 아주 작은 불완전함에 따라 장소의 억양과 농담이 생겨난다. 이는 투명한 지형이다. 사람은 이 부드러운 지형 속에서 타자와 어떤 관계를 맺을지, 혹은 떨어져 있을지를 자유롭게 선택할 수 있다. 이러한 가능성의 지형을 건축이라 부른다. 그리고 단순히 연결 혹은 단절이 아닌, 떨어져 있는 동시에 이어져 있는 모호한 상태야말로 현대 본연의 모습이 아닐까 생각해본다.

강제된 '기능'이 아닌, 허용하는 '공간'

치매 환자를 위한 시설이라는 특수한 기능을 이렇게까지 무시해도 될까? 그러나 우리는 이제 더 이상 기능 속에서 살 수 없다. 특수성을 분석하는 것으로 드러난 '기능'은 우리들이 '해야만 하는 것'을 강제한다. 건축은 그런 답답한 것이 아니다. 오히려 건축이란 그곳에서 행해지는 다양한 일을 허용하는 존재여야만 한다. 무언가를 강제하는 기능에서 허용하는 공간으로 변화해야 한다. 허용하는 공간이란 아무것도 만들어내지 않는 곳이 아니다. 공간의 불완전함과 공간의 억양을 만들어내면서 다양한 활동을 할 수 있는 작은 실마리를 만들어낸다.

열린 계통, 공간의 원형

이 '불완전한 좌표계'를 아홉 칸짜리 격자무늬라고 하는 닫힌 형태로 실현했다. 그러나 불완전한 좌표계의 가능성은 여기에서 멈추지 않는다. 수평으로도 쌓아 올리고, 수직으로도 전개하고, 스케일을 자유롭게 늘이고 확장시키고, 안팎을 자유롭게 넘나드는 식의 이러한 '열린 계통'이 바로 불안정한 좌표계이다. 나는 이런 식으로 공간의 원형을 만들어내는 데 흥미가 있다. 그리고 그 원형이 한없이 추상적인 형식으로 존재하면서도 사람이 생활하기 위한 장소의 다양성을 리얼하게 실현할 수 있다고 생각한다. 그리고 그 둘이 빈틈없이 딱 겹칠 때, 그것을 건축의 새로운 비전이라 부를 수 있다.

노보리베쓰 소재 치매 환자 치료 시설의 비스듬히 잘린 벽 (ⓒ 阿野太一)

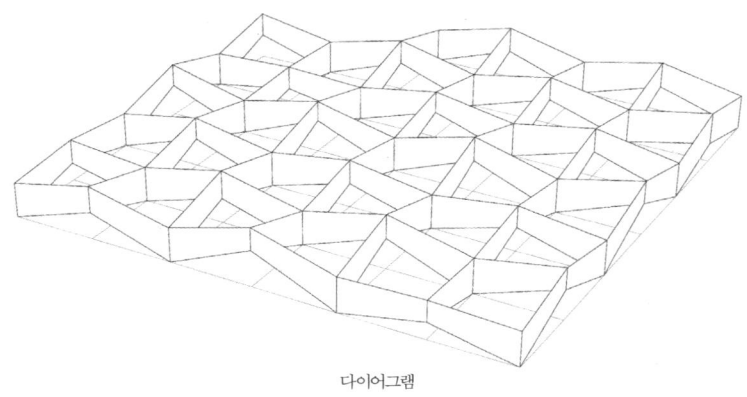

다이어그램

벽에 둘러싸인 주방 겸 식당 (ⓒ 阿野太一)

정서 장애 아동을 위한 단기 치료 시설, 2006

가장 정밀한 것이 가장 모호하고, 가장 질서 정연한 것이 가장 난해하다

정리될 수 없는 것

'정서 장애 아동을 위한 단기 치료 시설'이란 여러 이유로 마음에 부담을 안고 있는 아이들이 모인 곳이며, 함께 지내는 가운데 서서히 자신들의 생활을 되찾을 수 있도록 도와주는 시설이다. 그 때문에 상당히 특수한 건축이라고 생각할 수도 있다. 그러나 이곳은 근원적으로 생활을 위한 풍부한 공간이며, 50명 정도의 아이들이 시설 직원들과 다양한 관계를 맺으며 살아가는 장소이다.

시설에 필요한 기능은 상당히 복잡하다. 그러나 원래 생활이란 게 복잡하고 모호한 것이며, 도무지 정리할 수 없기도 하다. 이처럼 복잡하고 모호한 것을 대충 정리해서 '기능'이라 정의하는 데 저항감이 있었다. 그 때문에 이번 건축에서는 '정리될 수 없는 것'에 정리되지 않은 상태 그대로의 형태를 부여하고자 했다. 모호하고 복잡하며 이해되지 않고 정리되지 않는 작은 사회에 하나의 형태를 부여하고자 하는 시도이다.

무작위의 방식, 정밀한 공간 계획 / 우연의 지형

무언가를 그저 흩트린 것 같은 방식으로 건축물을 만들 수만 있다면, 그것이야말로 이상적인 건축일 것이다. 기능에 맞춘 공간 계획이라는 개념을 무효화하는 건축은 이런 즉흥적인 생각에서 비롯되었다. 그러나 설계를 진행하는 동안 깨달은 점은 이 방식이 놀라울 정도로 정밀한 공간 계획을 가능하게 한다는 사실이었다. 복잡한 공간을 만들기 위해 거대한 상자형 공간을 미묘하게 움직이는데, 무작위 방식이기 때문에 더 유연하게 공간을 채워갈 수 있다.

그러나 이 방식의 가장 큰 특징은 그다음부터 드러났다. 애매하고 예측 불가능하며 의외성으로 가득 찬 공간이 탄생한 것이다. 가장 의도적이며 엄밀한 설계를 통해 의도하지 않은 무언가가 생겨난다는 사실에 매력을 느꼈다. 이 건축물은 '보금자리가 아닌 동굴과도 같은 공간이다. 보금자리는 거주자를 위해 의도적으로 만든 장소이다. 그에 비해 동굴은 그저 존재할 뿐, 그곳에서 스스로가 거처와 기능성을 찾아나간다. 동굴적인 장소를 인위적으로 만든다는 것은 기능성을 초월, 보다 풍부한 건축의 탄생을 예감하게 해준다. 또 무위의 것을 인위적으로 만들어낼 수도 있다는 생각을 하게 해준다.

선택과 우연 / 자유스러움과 부자유스러움

무작위로 놓인 박스형 공간 사이에는 불규칙적인 알코브(벽의 한 부분을 쑥 들어가게 만든 공간-옮긴이)식 공간이 생겨난다. 거실과 연속되면서도 조용히 쉴 수 있는 작은 공간으로, 조작하지 않은 형태를 공공연하게 조작한 공간이다. 마치 원시인들이 자연의 지형을 자유롭게 해석해 보금자리를 찾듯, 아이들은 그 장소를 가지고 논다. 그늘 뒤에 숨어 얼굴을 내밀기도 하고 신나게 뛰어다니기도 하며 구석에서 느긋한 시간을 보내기도 한다. 떨어져 있는 것과 연결되어 있는 것이 양립하며, 그 사이에 존재하는 선택과 우연성, 자유스러움과 부자유스러움이 공존한다. 그리고 의도적이지 않기 때문에 생겨나는 모호함과 의외성, 그 무엇도 강제하지 않고 다양한 해석을 용인하는 여유야말로 생활공간의 풍요로움을 실현시킨다.

박스형 공간의 크기는 모두 같다. 기능에 맞춰 박스형 공간의 크기를 달리하지 않았다. 이것이 의도하지 않은 공간이라는 것을 한층 부각시키며, 기분 좋은 이물감을 부여한다. 게다가 이 건축에서는 중심이 없다고도 할 수 있고, 무수히 많은 중심이 있다고도 할 수 있다. 여기에서 말하는 중심이란 빛이 들어오는 방식이나 그곳에서 시간을 보내는 사람의 인식에 따라 항상 교체되고 변해가는 '상대적 중심'이다. 직원들에게는 집무실이 그들의 중심이며, 아이들에게는 거실과 방, 혹은 알코브가 중심이다. 정형화되지 않은 공간 속에서 그때그때 중심이 달라진다.

즉 이번 설계는 우연을 만들어내기 위한 정밀한 방법에 대한 것이다. 가장 정밀한 것이 가장 모호하다는 사실, 가장 질서 정연한 것이 가장 난해하다는 사실, 그리고 인간이 만든 것이 인간의 통제를 넘어선다는 사실을 보여 준다. 즉 '그것이 아니다'라는 것에 형태를 부여한 것이라 할 수 있다. 해석의 문제도 아니고, 수사학修辭學도 아니고, 알고리즘도 아니고, 법칙도 아니다. 단지 사물 본연 그대로의 새로움을 제안하는 것이다.

관계성의 정원

6월 초순 교토를 방문해 오랜만에 은각사銀閣寺에 들렀다. 그런데 정원 연못 너머 안쪽으로 걸어 들어갔다가 정말 깜짝 놀랐다. 눈에 보이는 구조가 아무것도 없었기 때문이다. 그러나 한 발 한 발 걷다 보니 아무것도 없는 가운데 정원을 구성하는 무한한 요소 간의 무한한 관계성이 서서히 눈앞에 드러나기 시작했다. 한 발 내딛음으로써 그것들의 관계성이 재편되고, 예상조차 하지 못했던 상황이 펼쳐졌다. 그곳은 궁극의 다양성을 지닌 관계성의 정원이었다.

이번에 설계한 치료 시설 역시 명백한 관계성의 정원이다. 이 공간에는 명확한 구조가 하나도 없다. 그러나 일단 한번 거닐어보거나 생활해보면, 그 속에서 '장소'가 모습을 드러냄을 곧바로 알 수 있다. 그 장소는 고정된 것이 아니다. 햇살의 각도가 바뀌거나 인원수가 늘어남에 따라 그 즉시 다른 장소가 된다. 확실한 구조를 머릿속에서 이해하는 것이 설계도라고 한다면, 정원에 설계도가 없는 것과 마찬가지의 의미로 이 치료 시설 역시 설계도 없는 건축이라 할 수 있다. 설계도가 없는 대신, 무수한 관계성이 서서히 드러나는 건축인 것이다.

인위와 무위의 사이

예를 들면 이 건축은 미생물이 모인 모습과 비슷하고 난잡하게 어질러져 있는 책상 위와 비슷하다. 많은 사람들이 별 의미 없이 서 있는 모습과도 비슷하다. 또 태풍이 지나간 후 한곳으로 쓸려가 모여 있는 나뭇잎의 모습과도 비슷하다. 그리고 그 누구도 본 적 없는 숲의 나무들과도 비슷하다. 이것들은 사물 본연의 무심한 모습 그 자체이다. 정리되지 않았지만, 분명하고도 명확한 형태이자 형식이다. 그러므로 이 복잡한 상태와 그와는 정반대에 위치한 미스 반데어로에의 평면은 사물의 자연스러운 본모습을 드러낸다는 점에서 동등하다고 할 수 있다. 그리고 미스 반데어로에가 인위의 완벽한 극단에 있다고 한다면, 이 치료 시설은 인위와 무위 사이에서 무한한 다양성을 모색하는 실험이라 할 수 있다.

정서 장애 아동을 위한 단기 치료 시설의 무작위로 배치한 건축

떨어져 있는 것과 이어져 있는 것 (上下共 ⓒ 阿野太一)

거실과 연속되면서도 혼자만의 시간을 보낼 수 있는 아이들의 공간 (ⓒ 阿野太一)

관계성의 정원 / 정글의 기하학

K하우스, 2006

이번에 개최될 〈새로운 기하학의 건축〉전을 위해 '오사카 기린 플라자' 강당에 주택을 한 채 설계했다. 르코르뷔지에의 '에스프리 누보관' 같은 이미지라고 한다면 지나친 말이 될까. 새로운 건축 공간의 원형을 지향하고자 한 제안이었다. 그러나 단순히 신기한 공간, 한 번의 체험을 위한 공간, 혹은 해석하기 위해 만든 공간이기만 해서는 안 된다. 역시 나는 사람이 생활하기 위한 장소의 다양성을 지향하고 싶었다. 그런 생각에서 '주택'으로서의 설계를 진행했다.

한 장의 벽이 구불구불 감겨 들어가고, 이를 통해 네 개의 공간이 만들어진다. 이들 공간은 분절되어 있다고도 할 수 있고 이어져 있다고도 할 수 있다. '저쪽'이라 생각했던 공간이 '이쪽'이 되기도 하고, '이쪽'이라 생각했던 공간이 '저쪽'이 되기도 한다. 여기서는 하나의 장소를 단독으로 거론할 수 없다. 특정 장소는 항상 다른 장소와 맺는 관계 속에서만 존재한다.

이런 방식으로 만든 집은 규모가 작음에도 무수히 많은 장소와 무한한 관계성을 내포하는 '관계성의 정원'이 된다. 우리들이 알고 있는 집, 방, 공간의 개념을 무효화하고, 무한의 관계성 속을 떠돌아다니는 주거이다. 혹은 이러한 주택은 정글과 같은 것일지도 모른다. 정글에는 너무나도 많은 요소가 존재하기 때문에 그 속에서 질서를 찾아내기 어렵다. 그러나 분명 그곳에도 질서가 있다. 우리들이 모르는 질서가 말이다. (아직 가본 적은 없지만) 아마 정글은 생명체가 살기 좋은 장소일 것이다. 만약 정말 그렇다면, 새로운 건축이란 21세기의 정글이어도 좋다. 그것을 '기하학적인 정글', '질서 정연한 정글'이라 불러도 좋다.

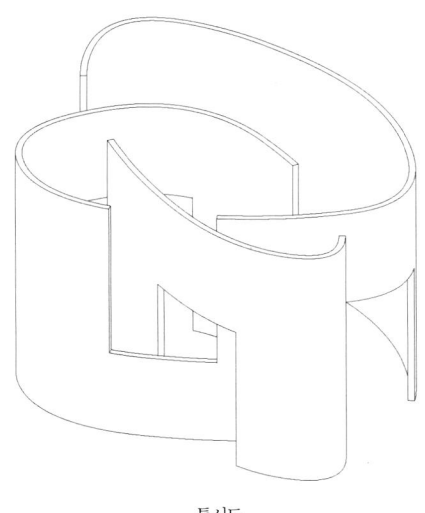

투시도

도쿄에 세운 도쿄와 같은 건축

도쿄 아파트먼트, 2006

도쿄 아파트먼트

도쿄 도심 주택지에 지은 집합 주택. 건축주의 집을 포함해 다섯 채의 집으로 구성되었다. 각각의 집은 두 개 혹은 세 개의 집 모양 방으로 구성되어 있다. 그리고 이들 집은 1층과 3층의 조합이라는 식으로 서로 떨어져 존재하고 외부 계단으로 연결된다. 즉 각 주택은 몇 개의 방과 외부 계단을 통할 때 느낄 수 있는 도시 체험의 총합에 의해 구성된다. 외부 계단을 오를 때는 마치 도시라고 하는 커다란 산을 오르는 듯한 체험을 하게 된다. 산기슭과 정상에 각각 하나씩 자신의 집을 가지고 있는 것과 비슷한 체험이라 할 수 있다. 이렇듯 산을 오르내리는 행위를 통해 산, 즉 도시 전체를 자신의 집이라 느끼는 것이다. 도시와 집은 독립적이 아니라 상호 의존한다. 이번 건축의 본질적인 문제는 'No Relation'이었다. 관계없음의 관계성을 모색하고자 했는데 관계없는 것들이 동거하며 모호한 질서를 만들어낸다. 비유하자면, 이 집합 주택은 도쿄의 축소판이다. 혼란하고 무질서하고 한없이 복잡한, '결코 존재하지 않는 도쿄'라 말할 수 있는 존재에 명확한 형태를 부여하고자 했다. 이는 새로운 건축 구성에 대한 제안이라 할 수 있다. 생활, 도시, 사회 등 모든 것을 초월해 새로운 존재, 새로운 건축 구성을 구현하고자 했다.

'도쿄 아파트먼트' 모형. 집 모양 방으로 구성된 집합 주택

내부와 외부 사이의 모호한 장소

N 하우스, 2006

N 하우스

가족 두 명과 반려견을 위한 주택. 집 전체는 3중으로 포갠 상자로 구성되어 있다. 가장 바깥쪽 껍질(외벽)은 부지 전체를 덮고 있고 그 내부의 정원은 외부 공간이다. 두 번째 껍질은 외벽으로 둘러싸인 외부 공간 속에서 또 한 번 한정된 장소를 둘러싼다. 세 번째 껍질 역시 또 한 번 더 작은 공간을 만들어낸다. 각각의 껍질과 껍질 사이의 장소를 통해 농도가 다른 공간이 생겨난다. 그리고 사람은 그 속에서 살아간다. 이상적인 건축이란 내부와도 같은 외부 공간, 외부와도 같은 내부 공간을 구현하는 것일지도 모른다. 건축은 내부를 만드는 것도, 외부를 만드는 것도 아니다. 내부와 외부 사이의 모호한 공간을 만드는 것이 바로 건축이다.

3중으로 포갠 상자는 무한하게 포갠 상자이다. 세계는 무한하게 포갠 상자로 이루어져 있고, 그 속에서 겨우 세 개의 상자만이 어렴풋이 눈에 보이는 형태를 부여받았기 때문이다. 도시와 주택은 결코 각각의 것이 아니다. 같은 것을 다른 식으로 표현했을 뿐이다. 혹은 연속된 하나의 것을 서로 다른 각도에서 자른 단면의 이미지이다. 이는 도시와 건축이라는 구별을 넘어선 새로운 존재이며 새로운 건축 구성이다. 그리고 그와 동시에 사람이 살기 위한 장소라는 근원적인 공간 지형과도 같다. 우주에서부터 한 채의 집까지, 그 속의 모든 것을 동시에 하나의 구조로 구상한, 주택의 궁극적인 형태에 대한 제안이다.

'N 하우스'. 3중으로 포갠 상자 구조

집, 거리, 자연이 분화되기 이전의
무언가를 향해 거슬러 올라가다
-원시적인 미래의 주택

O 하우스, 2007

도쿄에서 두 시간 거리, 태평양을 바라보는 곳에 위치한 4인 가족을 위한 별장. 바다로 직접 내려갈 수 있는 암벽에 자리 잡고 있는데, 언젠가는 이곳으로 완전히 주거를 옮길 계획이다. 건축주의 요구는 바다를 온전히 느낄 수 있고 단순한 형태에 구석구석 깊은 맛이 배어 있는 집이어야 한다는 것이었다. 이에 따라 우리는 '다양한 바다'를 만들기 위해 고민했다.

다양한 바다
하나의 바다에 하나의 파노라마. 이를 연출하기 위해 그와는 반대의 관점으로 바라봤다. 시야를 압축해 동굴 구석에서 멀리 바다를 바라보는 것 같은 시점도 재미있지 않을까, 하는 착상에서 설계 작업을 시작했다. 종횡으로 바다와 접하는 변형 L자형 평면을 만들었고, 작업이 진행되는 동안 다양한

분위기의 바다를 발견했다. 열린 바다, 둘러싸인 바다, 유리에 비치는 바다, 다양한 방향에서 바라보는 다양한 색을 지닌 바다.

이 집은 바다를 끼고 도는 해안 도로 같은 공간이라고 비유할 수 있다. 구불구불한 길을 걷다 보면 때로는 시야가 닫히기도 하고 때로는 등 뒤로 바다를 느끼기도 한다. 또 좁은 틈을 통해 바다가 보일 때도 있다. 그리고 해안 도로 곳곳에는 편히 쉴 수 있는 공간이 드문드문 자리 잡고 있다. 그래서 이 집 내부에 부지 이상의 다양한 장소가 있다는 느낌이 들며, 자유롭게 그곳을 돌아다니는 듯한 기분이 든다. 여기서 건축이란 무언가를 제한하는 것이 아니라, 생활의 가능성을 확장하는 것이다. 건축이라는 속수무책으로 부자유스러운 것을 만듦으로써, 반대로 그것이 없었던 때보다 한층 더 자유롭고 여유로운 공간을 만드는 것이 가능하다.

관계 맺지 않는다는 관계성

이 주택은 하나의 공간으로 이루어져 있다. 한편으로 이것은 전혀 관계없는 여러 장소가 우연히 만나 공존하는 공간이라고도 말할 수 있다. 사람의 생활이란 모호하며 처음과 끝이 늘 일관되는 것은 아니다. 그렇기 때문에 풍요롭다. 산다는 것은 이른바 '기능'이라는 말로는 구별되거나 정리되지 않는다. 무언가 불확정적인 면을 지니고 있다. 또 눈앞에 펼쳐진 바다나 바람, 어떤 기운은 인간과는 관계없이 자기 마음대로 움직인다. 이런 조건을 갖춘 장소에서 진정으로 풍요로움을 느낄 수 있는 집이란 어떠한 것일까? 전혀 관계없는 수많은 것들이 서로 관계없는 채로 '무관계의 관계성'을 맺고, 그를 통해 다른 많은 것을 허용하는 장소가 아닐까?

부러진 가지처럼 분화되는 이 집의 평면은 제대로 된 형식을 띤 듯 보인다. 그러나 내게 분화가 재미있게 여겨지는 이유는 그것이 확실함을 지니고 있지 않기 때문이다. 세 개로 나뉜 가지는 아무런 관계도 없지만 반대로 서로 관계 맺고 있다는 사실을 의미한다. 거실에서 볼 때 식당은 거실에서 약간 각도를 튼 곳에 위치한다. 그 때문에 두 공간 사이의 관계가 끊어져 있다는 의외성이 생겨나며, 두 공간이 떨어진 정도의 차이로 인접한 공간이지만 서로 다른 장소라는 여유를 가지게 된다. 이러한 꺾인 평면을 통해 하나의 연속된 공간 속에 다양한 차원의 공간을 배치할 수 있다. 하나의 공간이라는 요소 때문에 연속된 것이 점차 변화해가는 공간의 그러데이션이 존재하고, 다른 한편으로는 연속되면서도 단절된 채 변화하는 무관계의 관계성이 존재한다. 이 두 가지의 대조적인 변화가 중첩되면서 집 전체에 풍요로운 공간이 생겨난다. 그리고 이러한 공간이 있기에 이 장소를 '집'이라 부를 수 있다. 그러므로 이 집에서는 방마다 이름을 붙일 필요는 없다. 거주자는 자유롭고 다채로운 공간 속에서 그때그때 자기에게 맞는 장소를 선택해 시간을 보내면 된다. 이는 부지 전면에 펼쳐지는 자연 속에서 자기 나름대로 거처를 발견하고 그곳에서 시간을 보내는 것과 비슷하다. 혹은 이런 식의 표현은 어떨까? 거리를 걷다가 만나는 갈림길은 즐겁다고. 자유로운 선택을 통해 거리 속에서 자기 나름의 거처나 경로를 발견할 수 있기 때문이다. 좁은 길, 넓은 길, 그 다양한 연결과 단절의 변화 속에서 자신이 머물 장소를 발견하는 것이다.

나는 건축이 다양한 거리감이 있는 장소라고 생각한다. 다양한 거리감이란 '떨어져 있는 동시에 이어져 있는' 거리감이다. 여기에서 말하는 거리감이란 물리적인 거리만이 아닌, 다양한 관계성에 대한 것이다. 서로 관계없는 것들이 서로 관계없는 상태 그대로 접촉하고 공존하는 새로운 관계성. 건축을 구성하는 새로운 거리감 중 하나로 이와 같은 관계성을 추가할 수 있지 않을까. 이는 무관계라는 새로운 질서의 탄생에 대한 예감이라고도 말할 수 있을 것이다.

원시적인 미래의 주택

집은 '집이 아니다'라고 생각한다. 집이란 사람이 살기 위한 장소이다. 그러나 사람이 살기 위한 장소는 집에만 한정되지 않는다. 집이란 사람이 사는 장소 중 대단히 특수한 하나의 형태에 지나지 않는다. 예전에는 집과 거리가 서로 구별되지 않는 개념이었음이 틀림없다. 또 그 이전에는 집과 자연이 서로 구별되지 않는 개념이었을 것이다. 집을 단순히 '대피소'로 파악한다면 '생활하는 장소'인 집이 지니는 보다 넓은 의미의 풍요로움을 잃게 된다. 물론 마지막 순간 건축가는 형태적인 미를 지닌 대피소를 만들 수밖에 없을지도 모른다. 그러나 그 대피소가 집인 동시에 도시이기도 하며 자연이기도 한 것도 가능하지 않을까 싶다. 나는 집과 거리와 자연이 서로 분화되기 이전의 무언가로 되돌아가고 싶다. 암벽의 연속과도 같은 집, 구불구불 굽은 거리와 같은 집. 이는 은유적인 표현이 아니라 장소의 질적인 면에서 암벽이며 거리라는 말이다. 그리고 그 지점에서 다시 한 번 '사람이 사는 장소'에 대해 생각해보고자 한다. 그것은 대단히 원시적인 장소일 것이다. 그리고 그 원시적인 장소를 미래 주택의 원형으로 삼고 싶다.

'O 하우스'의 외관 (ⓒ 阿野太一)

유리 벽면을 통해 눈앞에 펼쳐진 바다가 보인다. (ⓒ 阿野太一)

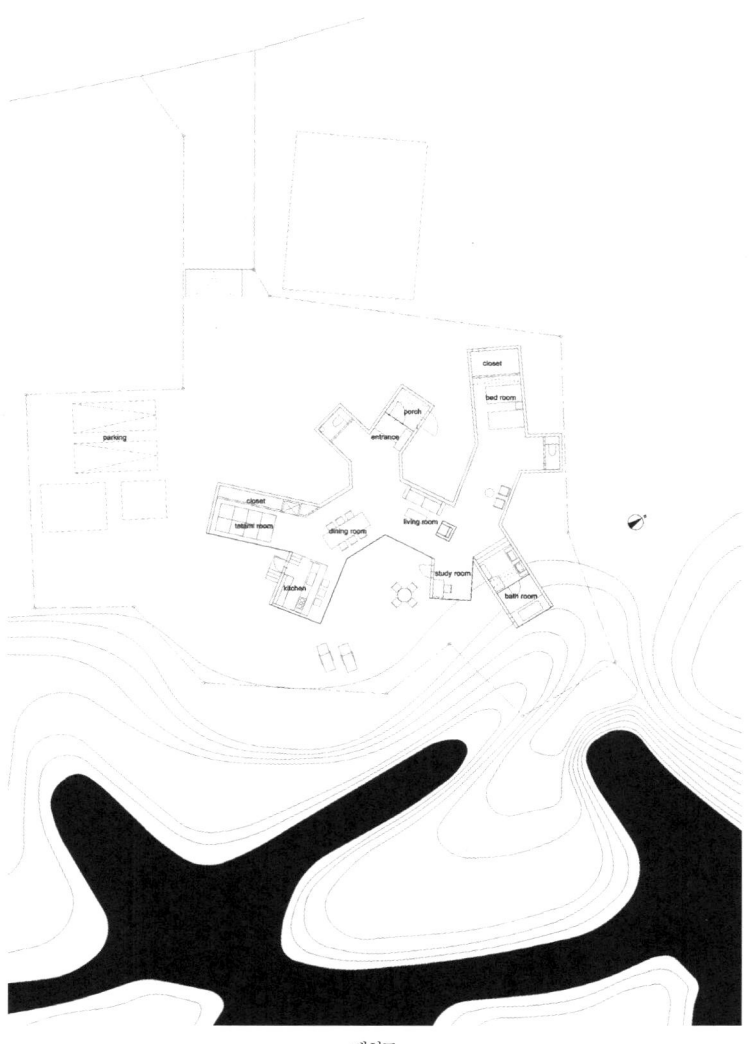

배치도

분화되지 않는 것
-between...and, 그리고 before...and

N 하우스 / 파이널 우드 하우스, 2008

사이

'사이의 건축'에 대해 고민하고 있다. '사이'는 다들 잘 알고 있는 말이지만 새삼스레 다시 보면 이상한 개념이다. '도시와 주택 사이'를 예로 들면, 제대로 아는 사람이 아무도 없는 그 무언가를 '사이'라는 말을 통해 명확하게 짚어낼 수 있다. 정체 모를 그 무언가가 공간적으로 그곳에 제시되며, '그게 뭘까?'라는 사고 체계가 생겨난다.

사이는 실체가 없다. 무엇과 무엇의 사이라고 할 때, '무엇'은 실체이지만 '사이'는 언제나 투명하다. '사이'만으로 이루어진 건축을 생각해보면 어떨까? 어떤 의미에서는 궁극적인 건축이 될 수 있을 것이다. 건축이란 항상 딱딱하고 형태를 지녀야만 하고 불투명한 데다가 자유롭지 못하다. 그러나 이런 건축에서 '사이'만을 둥실 떠올린 후, 딱딱한 부분은 뒤로 물려버리고 남아 있는 사이만으로 공간의 질을 만들어가는 '사이의 건축'을 상상해본다. 그것은 꿈의 건축이다.

도시와 주택 사이

'N 하우스'는 오이타 시大分市의 주택지 안에 있다. 절반은 도시이고 절반은 집이라는, 영역이 모호한 '살기 위한 장소'이다. 이 주택의 특징은 3중으로 포갠 상자식 구조라는 것이다. 가장 바깥쪽 상자는 부지 대부분을 감싸고 있으며 그저 구멍처럼 뚫린 수많은 개구부가 있는 커다란 껍질과 같다. 그러므로 바깥쪽 상자의 내부는 외부 공간이다. 비가 오고 바람이 통과한다. 그곳은 정원이라기보다는 도시와 집의 중간, 도시와 집이 서로 융합하는 장소이다. 두 번째의 상자는 내부 공간의 대략적인 범위를 둘러싸고 있다. 가장 바깥쪽 벽의 내부이기도 한 동시에 세 번째 상자의 외부이기도 하기 때문에 항상 그 의미가 중첩된다. 세 번째 상자는 집 안의 작은 집이다(혹은 집 안의 집 안의 집이기도 하다).

도시 속에 집이 오브제처럼 덩그러니 서 있는 것에 다소 의문을 품고 있다. 거리에서 벽 한 장을 사이에 두고 '집에 들어간다'라고 표현하는 것이 이상하다고 생각했다. 이런 생각은 홋카이도 출신인 내가 처음으로 도쿄에 왔을 때 느낀 감정에서 기인한다. 당시 도쿄는 좁은 골목길과 빽빽하게 밀집된 2층 목조 주택으로 이루어진 도시였다. 그에 비해 내가 살던 홋카이도는 다다미 여섯 장 크기의 원룸 밖으로 나가도 여전히 커다란 내부 공간에 있는 듯한 느낌이 드는 곳이다. 집에서 나와도 잠시 동안은 집을 끌고 다니는 것 같은 느낌, 그리고 서서히 도시 속으로 녹아 들어가는 느낌이 든다.

집과 도시 사이에는 벽 한 장만으로는 정리되지 않는 여러 가지 영역의 그러데이션이 중첩되어 있다. 집에 들어간다는 것은 거리에서 집이라는 영역의 농도 속을 서서히 헤치고 들어가는 것이다. 그리고 집에서 산다는 건 자신의 장소와 도시 사이의 다양한 거리를 의식하고 선택해 그 속에서 몸을 움직이는 것이다. 그런 이미지에 형태를 입히면서 이 중첩된 상자 구조가 탄생했다.

가구와 건축 사이

구마모토 현熊本県 구마무라球磨村에 완성된 목조 방갈로 '파이널 우든 하우스'는 또 다른 차원의 '사이'를 보여준다. 단면 사이즈가 가로세로 35센티미터인 삼나무 목재를 쌓아 올려 만든 이 작은 공간에서는 건축과 가구의 스케일 사이에 숨어 있던 '잃어버린 스케일'에 주목하게 된다. 이 주택에서는 1층, 2층이라는 개념이 사라진다. 그리고 35센티미터로 공간이 작게 나뉜다. '여기보다는 35센티미터 높고 저기보다는 70센티미터 낮다'는 식으로 모든 장소가 위치와 신체의 상대적인 관계를 통해 의미를 얻는다. 35센티미터라는 높이는 사람이 앉을 수 있는 의자가 되고, 그 뒤쪽의 35센티미터는 술을 마실 테이블이 된다. 거기에서 70센티미터 위는 사람이 누울 수 있을 만큼의 공간이 되고 그 아래의 35센티미터는 책을 정리해두는 선반이 된다.

기능이나 장소는 '간격'의 상대적인 관계성에 의해 서서히 그 의미를 달리한다. 이는 건축과 가구 사이의 새로운 스케일인 동시에, 사이(=간격)의 상대적인 관계성을 통해 드러났다 사라지는 투명한 틀과 같다.

구름 같은 건축

차경借景이라는 말이 있다. 멀리 있는 풍경을 정원의 일부로 끌어들이는 건축 방식인데, 말하자면 N 하우스는 모든 것들 사이의 거리가 섞여드는 '차경의 주택'이다. 저 멀리 떠 있는 구름이 파이널 우든 하우스의 개구부를 가로지를 때, 그 구름은 또 하나의 커다란 지붕과도 같은 느낌을 준다. 특별할 것도 없는 옆집의 기와지붕, 그 옆집 정원의 녹음 한 조각, 길을 가는 사람이 남긴 한순간의 잔상, 정원수의 흔들림, 주방에 선 사람 그림자, 책상 위에는 읽다 만 책. 특별히 아름다운 주변 풍경은 아니지만, 평범하고 소중한 일상이 존재한다. 이렇듯 다양한 거리를 유지하는 일상들이 시시각각 '사이'의 중첩을 통해 관계를 맺어간다. 손에 든 잔과 이웃집의 지저분한 벽, 푸른 하늘이 관계를 맺는다. '사이'란 이런저런 타자가 다양한 방식으로 서로를 공유하기 위한 투명한 틀 같은 것이 아닐까? 그러면 아주 먼 곳까지 집이 된다. 집의 영역은 다양한 양상과 부딪혀가며 어렴풋하게 퍼져나간다. 병풍 그림 등, 예전 일본의 그림 중에는 뭉게뭉게 피어오르는 구름 사이로 다양한 풍경이 보이는 그림이 있다. 그곳에는 다른 시간, 다른 거리, 다른 사람이 공존한다. N 하우스에서 중첩되는 하얀 상자는 그와 같은 병풍 그림 속 구름이 '사이의 건축'으로서 입체화한 것인지도 모른다. 그 자체는 한없이 뒤로 물러서고, 그 사이에서 일어나는 다양한 행동들을 관계 맺게 만드는 투명한 틀. 모호한 것이 모호함을 지닌 채, 그럼에도 명쾌한 무엇일 수 있다. 그것은 추상적인 구름이다.

구조적인 중첩으로 이 하얗고 딱딱한 사각형 구조물이 마치 건물을 둘러싸고 있는 진짜 구름처럼 느껴질 때가 있다. 그리고 주변 영역이 점점 희미해져간다. 어디까지 가도 끝이 없다. 집의 외관이 철저하게 뒤로 물러서 있기에 외관이라는 개념이 사라진다. 이 집을 비추는 햇살은 '어디서부터랄 것도 없는' 위쪽 공간에서부터 들어온다. 때로는 빛이 몇몇 개구부와 하늘에 떠가는 진짜 구름에 가로막히기도 한다. 그럴 때 별안간 작은 빛다발이 집 안으로 들어오기도 한다. 몇 분 후 그 빛은 사라져버리지만 또 다른 빛이 '어디서부터랄 것도 없이' 들어오기 시작한다. 이 주택에는 대단히 오묘한 타자성이 있는데, 그것을 만들어내는 것이 바로 이 '어디서부터랄 것도 없다'는 지점이다. 창과 창과 창과 (…) 창의 저편에서 들어오는 빛은 의도될 수 없는 의외성을 지닌 채 우리 앞에 모습을 드러낸다. 마치 숲 속 나무들 사이로 비쳐드는 빛이나 구름 사이로 들어오는 빛처럼 말이다. 직방체의 구름이라 부를 수 있는 N 하우스의 '사이'에서는 모든 것들이 타자라는 의외성과 놀라움을 지닌 채 공존한다.

한편 파이널 우든 하우스를 구름에 비유하자면 '보이지 않는 구름'이다. 이런저런 것들, 몇 명의 사람, 집 밖의 신록 등이 제각기 떨어져 있는 듯 보인다. 그리고 이러한 공간 속에 다양한 요소가 3차원적으로 분포한다. 그러나 그 사이의 거리감, 인접성은 지금까지는 존재하지 않던 것들이다. 그리고 그것들의 분포는 35센티미터의 '간격'이라는 보이지 않는 구름 같은 틀에 의해 구성된다.

'사이'라는 틀 속에는 사람, 사물, 풍경, 활동 등 모든 타자가 꿈틀거리고 있다. 건축이란 타자의 공간이다. 그 속에서 모든 것은 타자이며, 상정된 것이라고는 하나도 없다. 그러므로 이러한 집에 산다는 것은 겹겹으로 확대되는 '사이'의 중첩 속에서 각각의 장소를 찾아내며 스스로 움직이는 것이다. 그리고 아무리 사소한 행위나 아무리 아름다운 움직임도 그 순간순간의 관계성이라는 틀 속에서만 빛난다. 마치 병풍 그림 속 구름 안에서 벌어지는 일처럼 말이다. 그런 까닭에 '사이'라는 말은 개념인 동시에 일상생활 속에 사람과 관련될 수 있는 리얼한 공간이기도 하다. 형식과 경험, 구조와 관계가 서로 겹치는 공간이다.

분화되지 않는 것. between…and, 그리고 before…and
아니면 이런 식의 표현도 가능하다. '사이의 형식'은 주변 모든 것의 관계를 재편성하는 것이다. 'A와 B의 사이'는 단순히 A와 B의 물리적인 사이에 존재하는 C를 상정하는 것이 아니다. '사이'라고 말한 순간 이미 A와 B 자체의 질이 변하고 각각의 것들이 서로 녹아들어 하나의 부드러운 변화를 맞이한다. 그리고 주변 모든 것들을 끌어들여 공간의 좌표계가 재편된다. 그것이 '사이'이다.
무엇과 무엇의 '사이'는 지금까지 숨겨져 있던 새로운 공간을 현실로 드러내는 동시에 그 무엇과 무엇을 새로운 관계로 융합시킨다. 도시와 주택의 사이에서 도시는 이미 도시가 아니며 주택 또한 이미 주택이 아니다. 사람이 살기 위한 공간이 분화되는 농도의 그러데이션 속에 도시와 주택은 융합하고 새로운 공간이 된다. 이는 도시와 주택이 분리되기 이전의 상태이다. 시간적인 차원이 아니라 개념적인 차원의 '이전'이다. '사이'를 고민하는 것은 '분화되기 이전'의 상태를 통해 보다 더 원시적인 무언가에 연결된다.

르코르뷔지에가 이미 명확하게 표현했듯, 근대라는 시대는 모든 것을 명료하게 구별하고 분리하고 정리해 그것을 조립하는 시대였다. 즉 기계적인 건축의 시대였다. 그러나 어떤 의미에서 근대의 대극이라 할 수 있는 '분화하지 않는다는 것'이 현대에서 미래의 건축을 상상할 때 기대할 수 있는 가능성이 되리라 생각한다. 인간의 생활이란 원래 그리 간단히 정리할 수 있는 것이 아니기 때문이다. 오히려 어디까지나 분화될 수 없는 채 존재하기 때문이다. 잘라버릴 수 없고 제대로 명명할 수 없는 미분화의 상태, 그리고 거기에 새로운 질서를 부여할 수 있다면 그것이 건축의 새로운 가능성을 열어줄 것이 틀림없다.

'사이'를 생각함으로써 그것들이 분화되기 이전의 혼연일체였던 존재를 예감할 수 있다. 그러므로 '사이'는 새로운 공간을 암시한다. 그리고 '사이'라는 공간에 '분화되지 않는 건축'이라는 새로운 존재를 만들어내는 일이 가능하다. 이 글은 그러한 예감으로 가득 찬 건축에 대한 제안이다.

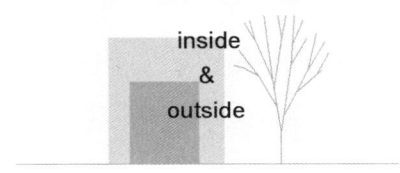

New House !

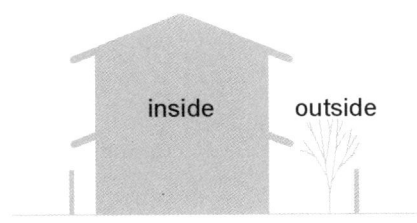

Old House

N 하우스. 다이어그램.

3중으로 겹친 상자 구조의 틈 사이로 하늘이 보인다. (ⓒ Iwan Baan)

몇몇 영역의 그러데이션이 중첩된다. (ⓒ Iwan Baan)

'파이널 우든 하우스'. 단면의 가로세로가 35센티미터인 삼나무 목재를 쌓아 올렸다. (ⓒ 阿野太一)

쌓아 올린 나무로 만든 동굴 느낌의 공간 (上下共 ⓒ 阿野太一)

하나의 소재, 하나의 방식

파이널 우든 하우스, 2008

이 건축을 완성했을 때, 그 강렬한 존재감에 압도되었다. 이는 로마네스크 양식의 교회 건축에서 느끼는 단순 명쾌함과도 닮았다. 공간이나 소재가 전혀 다르지만, 돌이건 나무건 하나의 소재를 선택하고, 새로운 구성 콘셉트를 통해 소재의 다양한 성질을 최대한 살려 건축물을 만드는 순수한 강함이었다. 분업·세분화된 현대 건축에서 분화되지 않고 통일성을 지닌 이와 같은 건축은 파이널 우든 하우스가 처음이었을 것이다. 이는 태고의 구성과 현재의 개념이 만난, 새로운 건축에 대한 제안이다.

창을 통해 내부를 보다. (ⓒ 阿野太一)

공간으로만 만든 건축

N 하우스, 2008

3중으로 포갠 구조로 이루어진 이 주택은 가족 두 명과 반려견을 위해 오이타 시 주택지에 세운 집이다. 가장 바깥쪽 벽은 부지 전체를 감싸고 있으며 그 구조적인 특징으로 절반은 실내 같은 분위기의 정원을 만들어낸다. 두 번째 상자는 가장 바깥쪽 벽으로 둘러싸인 외부 공간 속에서 좀 더 한정된 공간을 둘러싼다. 세 번째 상자는 집 속의 작은 집이다. 오래된 민가의 봉당이나 르코르뷔지에의 필로티(기둥만으로 이루어진 1층 공간-옮긴이), 옥상 정원에서도 찾아볼 수 있듯, 외부 공간을 주 공간으로 취급하는 것은 항상 건축적인 도전이었다. 3중으로 포갠 상자 구조로 내외 반전의 형식과 정원, 집을 동시에 덮는 커다란 구멍투성이 상자라는 콘셉트는 그와 같은 주 공간으로서의 외부 공간에 대한 새롭고 보편적인 제안이다. 포개지는 구조는 전혀 새롭지 않은 형식이다. 오히려 태곳적부터 면면히 이어져 내려온 오래된 형식이다. 그리고 이 오래된 형식은 정원과 집, 도시를 서로 연결해 현대의 주거 공간에서 새로운 형식으로 되살아나고 있다. 이 집은 새로운 동시에 모든 역사와 이어져 있다.

N 하우스 안에 있으면 어디부터가 내부이고 어디부터가 외부인지 구분이 잘 안 된다. 바꿔 말하면, 집 내부 어디에 있더라도 외부 공간에 있는 듯한 기분이 든다. 이는 마치 벽과 지붕의 일부만 남아 폐허가 된 태고의 구조물에서 사는 것과 비슷한 느낌이다. 폐허란 순수하게 그 공간으로만 만들었다는 의미에서 궁극의 건축이라 할 수 있다. 이 주택은 반전된 시간의 폐허, 투명한 폐허에 대한 제안이다.

커다란 구멍투성이 외벽 (ⓒ 新建築)

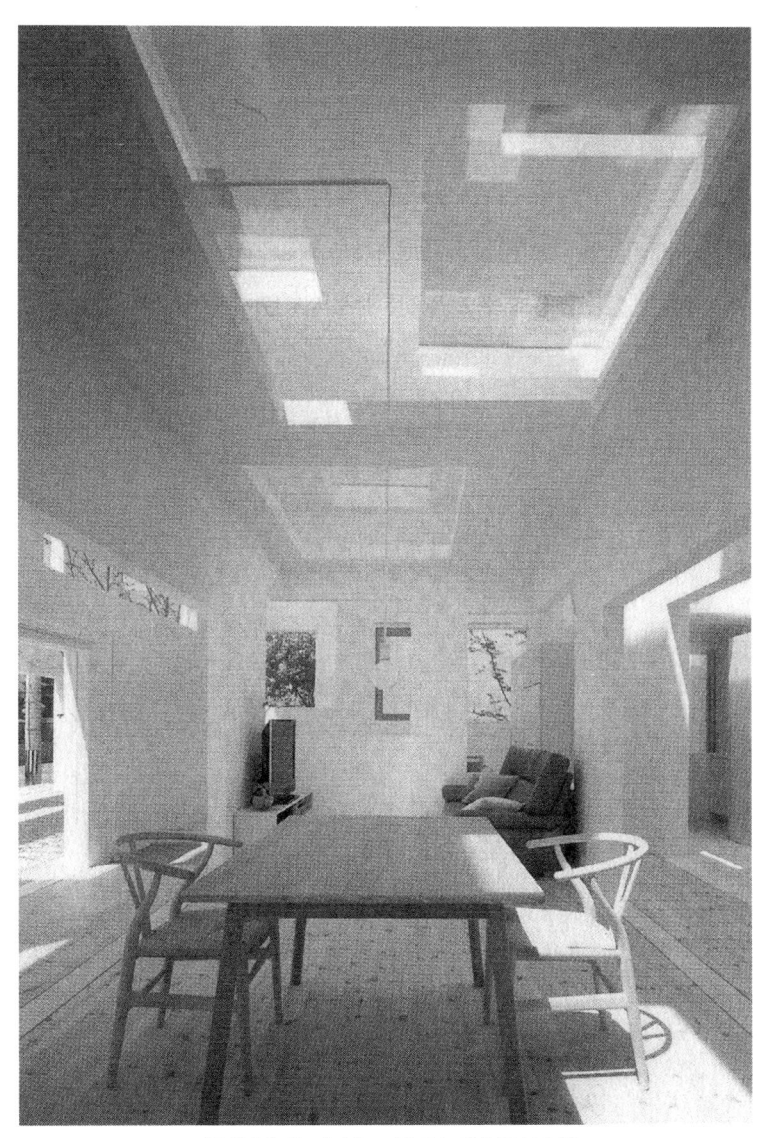

외부 공간에 있는 것 같은 느낌을 주는 실내 (ⓒ 新建築)

상자형 구조물로 덮인 정원. 절반은 실내에 있는 듯한 느낌이 든다. (ⓒ 新建築)

하우스 비포 하우스(집 이전의 집), 2009

인간이 살기 위한 장소, 그것의 총체로서의 주택

작은 산과 같은 것

인간이 살기 위한 장소로서의 집은 어떤 것일까? 우리가 알고 있는 주택이라는 물체는 인간이 살기 위한 장소의 일부이지 전부는 아니다. 이번 건축에서는 집이라는 단일 물체를 넘어, 인간이 일상생활에서 관계 맺는 장소의 총체를 만들기 위해 고민했다.

비유하자면, 이 장소는 작은 산과 같다. 어떤 사람이 산을 가지고 있다고 하자. 거기에는 거처로 쓰는 집이 있고 밭이 있다. 아직 손대지 않는 숲이 있고 작은 개울이 있고 창고가 있고 가축우리도 있다. 20분 정도 걸어가면 또 하나의 집이 있는데, 그 집은 멀리 떨어진 서재처럼 쓴다. 또 산 반대편에는 작은 마을이 있다. 그곳에는 다른 사람들이 살고 있고 폐허도 있으며 건축 중인 집도 있고 도서관도 있다. 그 산에는 태고의 동굴도 있어 가끔 그곳으로 놀러 가기도 한다. 이 사람에게 집이란 이 모든 것을 포함한 산 그 자체이다. 이러한 것들의 총체를 한정된 부지 속에 실현하려 고민하던 중, 확장된 집의 개념이 떠올랐다. 틈새로 가득한 산과 같은, 나무가 우거진 마을 같은 집이라는 개념이었다. 확장된 집이란 내부와 외부, 자연과 인공물, 집과 도시가 서로 혼재하는 장소이다.

원초적이며 미래적인 공간

2~2.5미터의 극소 사이즈 박스형 건축물 위에 나무가 심어져 있다. 그리고 그 상자를 입체적으로 쌓아 올려간다. 이들 상자는 크기가 작기 때문에 건축이라기보다는 간단하게 쌓아 올릴 수 있을 것 같은 랜드스케이프적인 존재가 된다. 몇 개의 상자로 둘러싸인 외부 공간, 상자 위 나무 아래의 공간, 나무 둥치에 기대고 있으면서도 다른 나무들 위에 떠 있는 것 같은 장소, 내부에 있으면서 정원으로 내던져진 것 같은 장소. 이런 다양한 장소가 이 단순하고도 복잡한 총체 속에 드러난다. 최소한의 크기로 만든 방을 거실 주변에 모아두었으나 이는 이 집의 아주 작은 일부에 지나지 않는다. 거의 대부분의 방에 외부로 나갈 수 있는 문이 있기 때문에 성격이 다양한 내부와 외부가 잇달아 연결된다. 그 때문에 이 건물 속에 있다 보면 자신이 내부에 있는지 외부에 있는지 구분할 수 없게 된다. 또 이 집에서는 직립보행의 개념도 넘어선다. 이 입체적인 공간 속을 어슬렁거리다 보면 어느덧 손으로 벽이나 천장을 짚어가며 이동하게 된다. 다리뿐만 아니라 제3, 제4의 다리 역할을 하는 손으로 공간을 입체적으로 파악하며 움직인다. 이는 원초적이며 미

래적인 신체의 움직임에 대한 새로운 징조일지도 모른다.

작은 상자형 방의 한쪽 면은 모두 유리로 되어 있다. 그렇기 때문에 방보다 개구부의 면적이 더 크다. 마치 방의 절반 정도가 사라져 외부에 연결된 느낌이다. 방 안에 놓인 가구는 정원 위에 떠 있는 듯 느껴진다. 이처럼 '완전히 방이 되지 못한' 방들이 서로 다른 방향을 보며 모여 있다. 그리고 스케일이 비슷한 정원 공간과 서로 관계를 맺음으로써 내부와 외부를 엮어간다. 그렇게 커다란 일체 공간이 탄생된다. 하나의 공간이면서 다양한 공간을 갖춘 이 건축은 작은 스케일과 그 구성이 긴밀히 관계를 맺음으로써 탄생하는 새로운 공간에 대한 것이다.

외관을 만든다는 것

건축은 외관을 만드는 일이라고 생각한다. 여기서 외관이란 단순히 외형이나 파사드(건축물의 주된 출입구가 있는 정면부-옮긴이)를 가리키는 것은 아니다. 내부 공간과 외부 공간의 경계가 어떤 식으로 구성되어 있는가, 하는 의미에서의 외관이다. 내부 공간이 끝나는 곳에서 외관이 탄생한다. 마찬가지로 외부 공간이 끝나는 곳에서 외관이 탄생한다. 즉 외관은 내부와 외부의 관계성 자체이다. 인테리어나 설비, 놀이 기구와 달리 인간의 생활과 직결된 장소를 제안하는 건축의 힘이란 바로 이런 것이 아닐까?

축구에는 경기장이라는 외관이 있다. 소설에는 책이라는 외관이 있다. 인터넷에는 컴퓨터라는 외관이 있다. 즉 세상 모든 것은 그 내용과는 다른 차원의 외관을 갖추고 있다. 다른 영역과 관계를 맺기 위한 외관, 혹은 그것이 세상 속에 존재하기 위한 도구로서의 외관이 존재한다. 오페라에는 무대라는 외관이 있고 인테리어에는 건물의 골조라는 외관이 있다. 현대미술에는 전시실이라는(혹은 전시실이 아니라는) 외관이 있다. 그리고 그것이 예술일 수 있는 문화적인 외관이 있다.

외관이 없는 외관

그러나 세상에는 '외관이 없는 외관'도 있다. 예를 들어 라면에는 대접이라는 외관이 있지만 주먹밥의 외관은 그냥 주먹밥이다. 즉 외관이 없는 외관이란 내용 자체가 곧 바깥 세계와의 관계성인 것을 말한다. 그리고 세상에는 이와 같은 외관이 없는 외관이 최소한 두 개는 존재한다. 하나는 (김으로 감싸지 않은) 주먹밥이고 또 하나는 러시아의 마트료시카 인형이다. N 하우스는 마트료시카 형식을 한 가장 원초적인 주택이며, '하우스 비포 하우스'는 단순한 주먹밥 형태다. 외관이라는 의미에서 이 두 주택은 쌍둥이 형제 같은 관계이다. 거기에 표현된 외관은 '어렴풋한 외관'이라고 칭할 만하다. 명확할 수밖에 없는 외형이 끝없이 희미해져간다. 어디에서 외관이 시작되는지 확실히 말할 수 없다. 내용과 공간이 그대로 외부와의 관계성인 외관. 이는 나무의 외관과 비슷할지 모르겠다.

상자를 만들고 내용물을 궁리한다거나 내용물에 상관없이 외형만 궁리하는 것이 아니라, 그 자체가 외관(=다른 세계와의 관계)이고 사물의 성장 과정이며 인간과 관계 맺는 장소이기도 하며 구조이기도 한 건축은 매력적이다. 공간 자체가 외관이라는 의미에서 이상적인 외관은 미스 반데어로에의 건축이다. 그러나 21세기의 우리는 세계와 좀 더 다양한 관계를 취할 수 있는 외관, 그러한 존재를 만들어낼 수 있을 것이다.

'하우스 비포 하우스'의 모형

나무가 우거진 마을과 같은 집 (ⓒ 新建築)

내부에 있지만 정원에 나가 있는 느낌이 드는 장소 (ⓒ 阿野太一)

수목 배치도

입체적인 공간 속에서 인간은 직립보행의 개념을 넘어선다. (ⓒ 阿野太一)

방보다 면적이 더 넓은 개구부 (ⓒ 阿野太一)

높은 곳에 위치한 거실을 내려다 본 모습 (ⓒ 阿野太一)

생태계 같은 성장 과정

2009

작은 집이건 커다란 공공 건축이건, 내가 바라는 건축은 도시적인 시점에 의한 계획에서 세부 디테일에 이르기까지 평온하면서도 서로 긴밀한 관계를 맺는 건축이다. 이는 집, 혹은 그 집이 서 있는 거리라는 하나의 생태계를 만드는 것과 비슷하다. 숲은 숲이라는 커다란 전체와 그곳에서 자라는 나무의 종류와 분포, 그리고 나뭇잎 하나하나의 세부, 그곳에 공존하는 작은 곤충의 움직임 같은 것들이 대단히 평온하지만 서로 밀접하게 관계 맺고 있다. 이런 숲의 모습을 상상해보면 건축이나 도시에서 전체와 세부의 창조 방식에 대한 이미지가 떠오른다. 만약 이런 생태계와도 같은 건축을 만들 수 있다면 기계처럼 건축하던 근대와는 다른, 현대이기에 가능한 건축의 창조 방식을 생각할 수 있으리라 본다.

하우스 비포 하우스와 N 하우스는 형태나 방식, 상정하는 거주자, 주택의 규모가 서로 다르지만 도시 / 주택관에서는 공통점을 지니고 있다. 바로 '어렴풋한 영역 속에서 산다'라는 이미지이다. N 하우스는 정원과 집을 동시에 둘러싸는 구멍투성이의 커다란 상자와 그 안쪽으로 연속되는 중첩된 상자형 구조로 되어 있다. '어디부터가 거리이고 어디부터가 집인지 알 수 없다'는 이미지처럼, N 하우스는 어디부터가 내부이고 어디부터가 외부인지 알 수 없는 어렴풋한 집의 총체로 이루어졌다. 집이 지닌 이미지는 하나의 확실한 덩어리지만, N 하우스는 거주를 위한 쾌적한 영역을 얼기설기 구획했다. 내부의 방, 외부의 테라스, 외부와도 같은 내부 등, 그 어렴풋한 영역 속에 질이 다양한 공간을 포함시키고 내외부 구별이 없는 쾌적한 거주 환경을 만들고자 했다.

하우스 비포 하우스는, N 하우스 같은 커다란 외벽 대신 작은 상자와 수목을 분산시킴으로써 공간을 만들었다. 이는 숲이 영역을 만들어가는 방식과 비슷하다. 숲에는 숲의 내·외부를 나누는 벽이 없다. 단지 나무가 잔뜩 자라는 영역이 숲 속에 있을 뿐이다. 하우스 비포 하우스에서는 숲의 나무들이 그러하듯, 희고 작은 상자와 수목이 서로 밀도를 달리하며 분포한다. 단순히 내부 공간뿐만 아니라, '둘러싸인 외부', '위쪽이 개방된 외부', '보호받고 있는 외부' 등 성격이 다양한 공간이 이런저런 상하 동선을 겸비하면서 입체적이면서도 여유로운 주거 환경을 만들어낸다. 내·외부를 둘러싼 여유로운 영역을 만든다는 점, 그것을 서로 다른 방법으로 실현한다는 점에서 이 두 프로젝트는 형제와도 같다.

'평온한 숲'을 추구하는 이와 같은 건축의 디테일은 어떠한 것이어야만 할까? 여기에서 엄밀한 논리를 발견하기는 어렵다. 숲 속의 식물과 생물은 복잡하고 난해한 질서를 지니고 있다. 그리고 생물의 진화는 결정론이 아니라 우연에 의한 다양성을 축으로 한다. 자연과 생태계가 그러하듯, 두 주택의 건축을 통해 우리는 어떤 종류의 '흔들림'을 만들고 있었다는 생각이 든다. N 하우스에서 목제 섀시를 이용한 방식, 신발장의 만듦새, 하우스 비포 하우스에서 유리창과 공간 볼륨의 어긋난 비율, 배수구의 형태 등은 필연과 우연 사이를 오간다. 진화론적인 논리 / 비논리로 이러한 방식을 이론화할 수 있을지도 모른다. 그러나 우리들이 의식하는 것은 건축 혹은 숲이란 성장 과정이며, 이는 완벽한 성장이라기보다는 개개의 과정이 서로 엇나가고 스쳐가며 쌓여가는 성장이다. 즉 엄밀한 목표가 있는 성장이라기보다는 그 자체의 존재를 통해 서서히 근거를 찾아가는 성장이다.

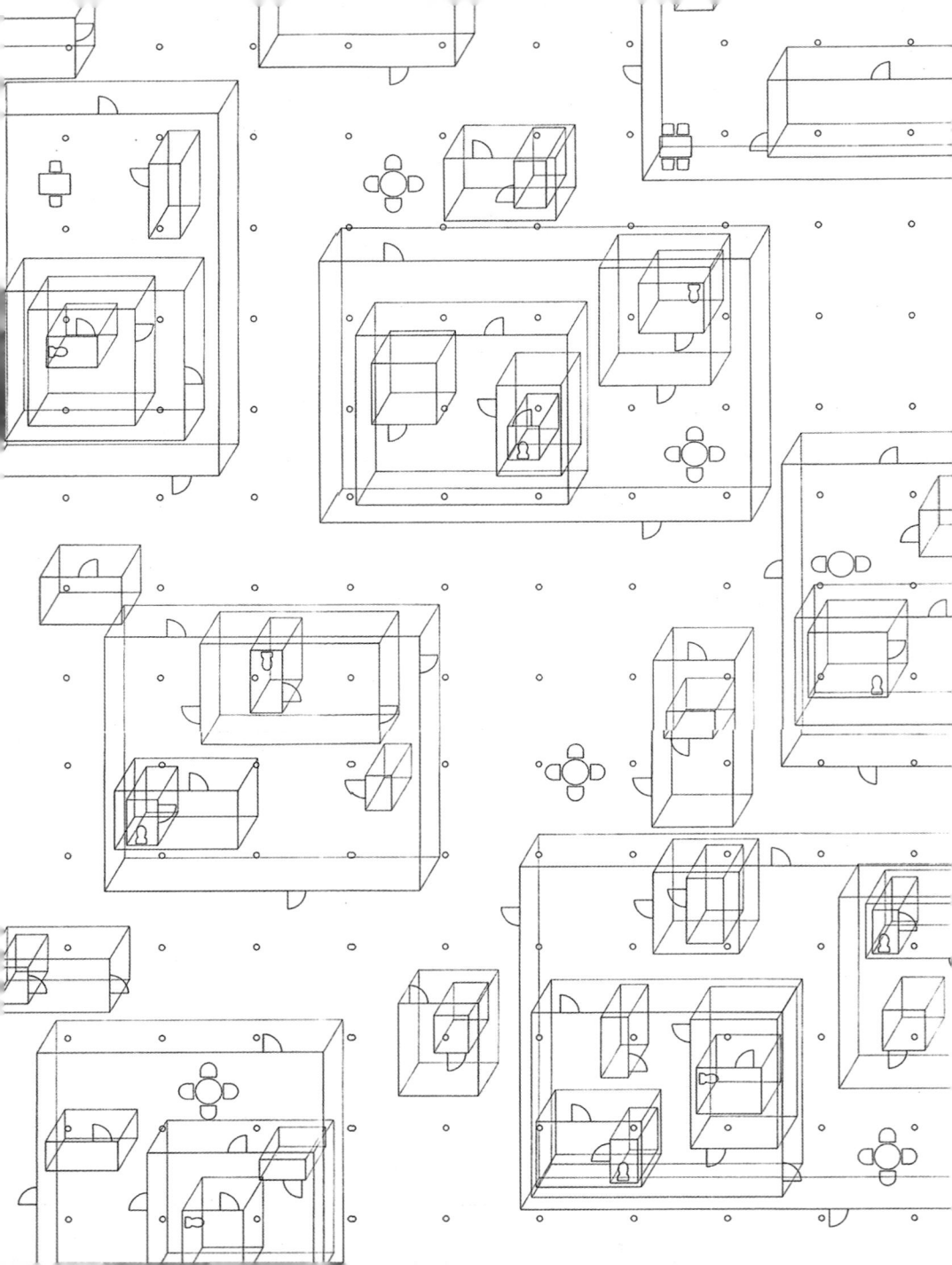

2

사물과 빛이 분리되기 이전의 장소

2008

2007년 12월, '르 토로네 수도원'을 처음으로 방문했다. 르 토로네의 회랑에 발을 들여놓던 순간을 아직까지도 똑똑히 기억하고 있다. 높고 둥근 천장은 석조로 되어 있고, 빛이 가득했다. 둥근 천장에 빛이 가득 차 있었다고도 할 수 있지만, 빛이 둥근 천장 모양을 하고 있었다고도 말할 수 있다. 거기에서 돌과 빛은 서로 다른 물질이 아니었다. 돌로 된 둥근 천장에서 빛이 탄생했고, 빛에서 둥근 천장이 탄생했다(물체에서 공간이 태어났고, 공간에서 물체가 태어났다고도 할 수 있다).

좀 더 들어가니 폭이 깊고 복잡한 층으로 구성된 아치형 개구부가 보였다. '여기서부터 빛이 들어오고 있었구나'라고 생각한 순간, 그것이 아님을 알게 되었다. 빛이 아치형 개구부로 들어오자 아치 형태로 응고되는 듯 보였기 때문이다. 아치의 복잡한 층 구조로 빛이 반사되고 입자로 부서졌다가 서로 다시 부딪치고 하나로 녹아들었다. 이렇듯 몇 가지 빛이 서로 만나 부딪치는 가운데 빛과 돌은 서로 혼연일체가 되었다. 폭이 깊고 복잡한 아치형 개구부는 단지 단순한 구멍이 아니다. 그 자체가 하나의 존재를 드러낸다. 허구와 실제가 서로 몸을 바꾼다. 우리는 빛이 가득한 회랑 속에 있지만, 그와 동시에 회랑의 형태로 응고된 빛 그 자체의 한복판에 있는 것이다.

그리고 그 빛은 어렴풋한 구름의 움직임, 해의 기울기에 따라 진동한다. 프로방스의 겨울 하늘은 맑게 개어 있고 작은 구름 몇 개가 지나간다. 그리고 그 구름에 따라 햇빛이 시시각각 변화한다. 빛이 진동한다는 것은 돌이, 그리고 공간이 진동한다는 것이다. 르 토로네의 공간은 분명 돌이라는 거칠고 무거운 소재로 이루어져 있지만, 빛의 진동 때문에 마치 생물처럼 느껴진다. 혹은 이렇게 표현해도 좋다. 빛과 돌은 항상 서로 교차하며 진동하고 있다고 말이다. 빛 그 자체의 흔들림과 교차에 의한 흔들림이 혼재하며 돌로 이루어진 공간이 숨을 쉬기 시작한다.

회랑 구석에서 오른쪽으로 몸을 돌리면 앞쪽에 여러 개의 계단이 보인다. 그 희미한 고저 차로 회랑은 건축을 초월한 '공간'으로 변한다. 이 계단의 높이 차이 때문에 회랑 속에서 공간을 부유하는 듯한 감각을 맛볼 수 있다. 다시 말해 회랑 안에 '있다'기보다는 회랑의 형태를 한 액체, 즉 빛의 바다에 '떠 있다'는 느낌이다.

그 앞쪽에 작은 입구가 있고, 안쪽으로 들어간 성당 내부에도 작은 빛이 떠 있다. 물론 떠 있는 것처럼 보인 빛은 벽에 뚫린 구멍을 통해 들어온 것이다. 그러나 그 구멍을 통해 들어오는 빛은 둥근 덩어리의 빛, 혹은 세로로 길쭉

한 형태를 몸에 두른 어떤 존재로 보였다. 아니, 눈에 보이는 것 이상으로 이미 거기에 존재하고 있었다.

성당 안은 어둡지만 그 어두움은 기분 좋은 어두움이다. 그 어둠 속에 몇몇 빛이 빛 그 자체로 존재했다. 이러한 빛의 실재는 돌의 질감을 지니고 있다. 개구부 주변의 돌이 밝게 빛나고 있지만, 돌이 빛나고 있다기보다는 빛이 돌의 질감과 형태를 몸에 두른 채 공간에 떠 있는 느낌이다. 그때 우리는 '빛 그 자체'와 직접 대면할 수 있다. 이는 무서운 경험이다. 그 빛을 계속 바라보고 있으면 내 자신이 빛에 동화될 듯한 기분이 든다. 빛과 사물의 경계가 한없이 애매해져갔으며 서로 녹아들었다.

지금 내 손에는 르 토로네 근교에서 주운 돌이 있다. 아마 수도원 건축에 사용한 것과 같은 돌일 것이다. 밝은 갈색에 옅은 오렌지색과 분홍색이 섞인 돌이다. 이 돌은 그 색과 질감을 통해 그 당시의 공간 경험을 망막을 통해 떠올리게 해준다. 그러나 그와 동시에 여기에 없는 것을 절실히 떠올리게도 해준다. 이것은 분명 르 토로네의 돌로, 그 색과 질감은 수도원 자체이다. 그러나 그곳의 돌은 이 색이면서도 이 색이 아니었다. 그것은 온갖 종류의 색이었다. 그리고 온갖 종류의 질감이었다. 즉, 돌은 빛이었다.

르 토로네 수도원은 빛과 사물이 분리되기 이전의 장소였다.

'이사무 노구치'라는 시간

가나가와 현 무레牟礼에 이사무 노구치(野口勇, 1904~1988, 조각가-옮긴이)의 아틀리에가 있었고, 지금은 '이사무 노구치 정원미술관'으로 일반에 공개되고 있다.

이곳을 미술관이라 칭하니, 건축가인 나로서는 다른 곳에서 볼 수 없는 이 독특한 미술관을 통해 미술관의 바람직한 형태를 논하고 싶은 욕구가 피어오른다. 그러나 한편으로는 노구치의 작품에서 자극받는 나로서는 그것을 한데 묶어 미술관이라고 칭하는 데 약간의 어색함을 느낀다.

잘 알려져 있듯, 노구치의 작품은 대단히 여러 갈래로 뻗어나가 있다. 돌과 브론즈를 소재로 한 조각은 물론, 도예 작품이나 미끄럼틀, 조명인 '아카리' 시리즈, 다수의 정원, 랜드스케이프, 분수, 무대장치, 다리 디자인에 이르기까지 다양한 갈래의 작품 활동을 했다. 게다가 이러한 그의 작품은 각각의 경계를 무너뜨리고 기성의 범주를 거부하는 듯 보인다. 아마 노구치에게는 이와 같은 다양한 작품을 구별하는 것이 의미가 없었을지도 모른다. 이사무 노구치라는 인간의 활동 궤적을 그 모든 작품이 드러내주었으리라.

그러나 노구치의 작품과 만날 수 있는 무레를 '미술관'으로 파악한다는 것은 너무 편협하다는 생각이 든다. 애초에 무레는 노구치가 실제로 생활하던 곳이었고 수많은 작품을 만들어낸 아틀리에였다. 무언가를 전시하던 장소라기보다는, 그가 생활하고 살아가던 장소였다. 그러므로 그곳은 인간이 활동한다고 하는 가장 근원적인 의미로서의 '생활의 장場'이었다.

조각과 다리, '아카리'와 정원 사이를 자유롭게 오가던 노구치에게 미술관이라는 카테고리는 거의 큰 의미를 지니지 못했으리라 생각한다.

그렇다면 노구치는 이곳에 무엇을 만들려고 했을까?

살았던 장소라는 면에서 봤을 때 제일 먼저 떠오르는 것은 노구치의 스승이자 20세기를 대표하는 조각가인 콘스탄틴 브랑쿠시Constantin Brancusi의 아틀리에를 촬영한 사진이다. 그 사진에는 거친 입자의 농담濃淡 속에 어수선한 아틀리에의 풍경과 빛, 제작 중인 몇몇 작품이 찍혀 있다. 이 아틀리에는 후에 복원되어 퐁피두센터 옆에 전시되었다. 그렇다면 노구치는 전시 공간을 염두에 두고 제작 현장을 구상했을까?

그러나 사진에 찍힌 것은 단순히 제작 현장으로서의 전시 공간이 아니라는 느낌이 든다. 그 사진에 드러난 것은 현장이라기보다는 영원이라는 시간이 탄생하는 순간, 그리고 시간이 영원히 지속되어가는 순간과도 같은 느낌이었다. 묘하게 어수선하고 복잡한 아틀리에 공간 속에 몇 개의 영원이 실재하기 때문이다.

분명 노구치는 브랑쿠시의 아틀리에를 실제로 보았을 것이다. 그에게 그 광경은 어떻게 비춰졌을까?

지금부터는 나의 공상이다.

노구치는 무레에 세울 아틀리에를 단순히 미술관이나 전시 공간을 염두에 둔 창작 현장으로 구상한 것이 아니었다. 그럼 이 장소는 무엇일까? 여기에는 무엇이 남겨져 있을까? 나는 그것이 시간이라고 생각한다.

시간이 남겨져 있다는 것은 이상한 표현일지도 모른다. 시간은 흘러가버리기 때문이다. 어디에서건 동일하게 흘러가버리고 만다. 그러나 '어느 곳의 어느 시간은 그 장소만의 시간으로 흐른다'는 현상이 어딘가에는 분명 존재할 듯한 생각이 든다. 그리고 이와 같은 시간은 그 장소, 그 공간을 통해 간접적으로 체험할 수 있는 시간이다.

다양한 장르를 넘나들며 창작했던 이사무 노구치의 작품 활동을 정리할 수 있는 카테고리는 오직 시간뿐일 것이다. 이사무 노구치라는 시간이 지속되는 장소는 바로 그의 아틀리에였다.

시간을 남긴다는 것은 도대체 어떤 의미일까? 머릿속에 다도가 떠올랐다.

나의 다도 경험은 정말 수박 겉핥기 정도였지만, 그럼에도 매일같이 혼자 차를 우려내던 시기가 있었다. 다도는 예의 그 이상한 몸짓을 통해 이루어진다. 현대의 기준에서 보자면 쓸데없는, 혹은 의미를 알 수 없는 여러 동작을 통해 간신히 차 한 잔에 도달하게 된다. 그러나 매일같이 그 동작을 반복하다 보면 현대와는 다른 감각이 그 동작 속에 남아 있음을 느낄 수 있다. 나는 그것이 시간 감각이 아닐까 생각한다. 즉 다도가 생겨난 시대의 시간 감각이 그러한 동작을 통해 전해져 내려오고 있다는 뜻이다. 오로지 한마음으로 그 동작을 하는 동안, 우리는 현대에 있지만 체험을 통해 어렴풋이 느낄 수 있다. 먼 옛날 리큐가 느끼고 순화했던 그 시간의 감각을 말이다.

다도의 시간 감각과 비슷한 성질의 것이 무레의 아틀리에서 일어나고 있는 듯한 기분이다.

물론 그것은 노구치 작품 가운데 쓰쿠바이(다실 뜰에 준비되어 있는 손 씻는 그릇-옮긴이)나 다탁(내가 좋아하는 작품 중 하나다)처럼 다도에 관계된 작품이 있다거나, 일본의 정취를 느끼게 하는 작품이 많다는 것과는 전혀 관계없다. 그보다는 어느 특정한 시간을 이어받는다는 면에서 다도와 노구치의 작품에 공통점이 있다고 느껴진다.

노구치의 석조 조각, 특히 무레 지방의 암치석에 약간의 세공을 더한 작품군에는 돌이 조각이 되는 순간을 잡아냈다고도 할 수 있을 '시간의 시작'을 느끼게 한다. 돌을 통해 無에서 존재가 태어나는 순간, 혹은 그 직전이라고도 할 수 있을, 하나하나 각자의 돌이 가진 시간의 시작을 암시한다. 이는 결코 과장된 '역사의 시작'이 아니라, 아무렇지도 않지만 소중한 일상 속의 시간이 희미하게, 그러나 엄연히 움직이고 있는 '시작'이다. 시작이라는 움직임에 형태를 부여했으며, 거기에서부터 시간은 생생하게 흘러간다. 여기에서 시간이란 '그곳에 살았던 시간'이라는, 본질적인 의미에서 일상의 시간이다.

브랑쿠시의 아틀리에 사진이 아틀리에라는 일상의 어수선함을 담은 한순간의 사진 속에 그가 만들어가던 몇몇 '영원'을 유지하고 있다고 한다면, 노구치의 아틀리에는 변함없는 무레의 풍경이 지닌 영원 속에 노구치의 작업과 일상의 시간을 계승한다고 할 수 있다.

이곳은 노구치가 구상한 수많은 정원 가운데 노구치가 생활하고 창작하던 장소이다. 정원 속에 다시 정원을 만드는 것. 작곡가 다케미쓰 도루의 말처럼 정원이란 시간의 장(필드)이다. 그렇다면 노구치가 살았고 만들어낸 이 정원이 노구치의 시간을 계승하고 있다는 공상도 영 틀린 말은 아닐 것이다.

절대적인 타자로서의 건축

2006

'이 지구 위, 또 하나의 작은 지구 같은 곳이 고요히 존재하고 있다.' 도쿄 '우에하라 도리의 주택'에서 한 시간 정도 보낸 후 내 마음속에 떠오른 인상이다. 이는 내가 전혀 예상하지 못한 문장이었다. 시노하라 가즈오(篠原一男, 건축가. '일본 우키요에박물관', '도쿄 공업대학 백년기념관' 등의 작품을 남겼다-옮긴이)의 대표작 중 하나를 체험할 수 있는 기회를 앞두고, 가능한 한 아무것도 예상하지 않고 아무런 가설을 세우지 않으려 했다. 있는 그대로를 받아들이고 싶었고, 그럴 작정이었다. 그러나 이런 인상을 받을 줄은 생각지도 못했다.

우에하라 도리의 주택은 사진가와 그 가족을 위한 집이다.

철근 콘크리트 구조의 2층 위쪽에 철골조 반원형으로 된 아이 방이 얹혀 있는 구조이다. 이 건축의 가장 특징적인 부분은 철근 콘크리트 2층으로, 먼저

1층에서 2층까지 로비처럼 휜히 뚫어 높고 개방적인 느낌이 드는 철근 콘크리트 외피를 만든 후, 목조로 2층 바닥을 설치했다. 2층까지의 철근 콘크리트 외피는 여섯 개의 나무 모양 기둥으로 받치고 있다. 건축 잡지에 발표할 때 사진도 게재했는데, 2층까지 철근 콘크리트 기둥이 우뚝 솟은 개방적인 공간의 모습을 볼 수 있다. 그리고 그 공간 안에 마치 증축이라도 한 듯 2층 바닥과 방을 구획하는 벽이 설치되어 있다. 또 2층 방 중앙에 있는 커다란 철근 콘크리트 기둥과 45도로 기울어진 보강재가 공간을 압도한다. 마치 기둥과 2층 목조 바닥 사이의 '재료의 어긋남'을 그대로 방치하기라도 한 듯하다.

시노하라 가즈오의 말에 따르면, 이 주택은 야생이고 정글이며 '난폭'하다고 생각할 수 있는 조형이다. 그러나 앞서 서술한 건축 순서를 이해한다면 이것이 얼마나 정밀한 방법에 의해 만든 정글이며 정중한 사고 끝에 도달한 '난폭함'이라는 사실을 금세 이해할 수 있을 것이다.

여기에서 또 한 번 놀라게 된다. 그 당시(1976년)만 해도 이런 식의 건축은 구상조차 한 적이 없었다. 이는 의도하지 않은 것을 의도적으로 만들어낸다는 말이며, 정밀한 형식을 통해 형식에 얽매이지 않는 타자를 만들어낸다는 의미다. 이는 기능주의에 대립하는 전혀 새로운 패러다임이라고 할 수 있다. 긍정적인 의미에서의 '특이한 건축', '절대적인 타자로서의 건축'이라고도 부를 수 있는 그 무언가다. 이는 건축이라는 인공물을 자연의 사물로 조금씩 다가가게 하며, 건축에서 그치지 않고 인간이 만들 수 있는 것의 한계를 조금씩 확장시킨다. 그 때문에 이 공간은 20세기 일본을 대표하는 건축 공간 중 하나이다.

'절대적인 타자로서의 건축'이라는 콘셉트만으로도 매력적이지만, 건설 후 30년이 지난 우에하라 도리의 주택은 문자 그대로 '손으로 느낄 수 있는 공간'으로 조용히 존재한다.

천장이 낮은 주차 공간을 지나 빛이 떨어지는 계단을 올라간다. 오른쪽으로 몸을 틀면 현관이 있고, 현관을 통해 내부로 들어가 뒤를 돌아보면 그 유명한 기둥과 보강재가 받치고 있는 공간이 눈에 들어온다. 기둥에 다가서면 조금 전 올라온 계단이 바닥에 열린 창을 통해 보이고, 발밑으로 바깥 풍경이 보인다. 의외의 장소에 있는 비스듬한 창을 통해 자신이 2층에 있는 것이 아니라 공중에 떠 있는 듯한 이상한 느낌을 받는다. 2층 바닥이 목조에 의해 떠 있도록 시공했다는 사실을 공간적으로 인식할 수 있는 순간이다. 오른쪽 주방에서 비스듬한 콘크리트 보강재를 따라 돌며 거실로 향한다. 보강재를 따라 돌다가 자연스럽게 보강재에 손을 짚었는데, 나도 모르게 깜짝 놀랐다. 아주 잠깐 동안의 접촉이 건축과 인간의 거리를 좁혔기 때문이다. 이런 식의 작은 동작을 통해 자연을 느끼게 하는 건축이 있었단 말인가. 보강재에 손을 댄 순간, 그 비스듬한 보강재와 그것이 있는 공간은 인생의 즐거운 일부가 된다. 손으로 느낄 수 있는 공간. 그 증거로 비스듬한 보강재 윗부분은 이런저런 손길이 닿아 검게 빛나고 있었다.

콘크리트 보강재를 만지고 거실에 앉아 다시금 집 내부를 바라보았을 때, 이곳에 부정할 수 없는 다정함 같은 것이 존재한다는 느낌이 들었다. 이런 말을 하면 시노하라 가즈오가 화를 낼지도 모르지만, 그곳에는 건축주에 대한, 그리고 무엇보다 건축에 대한 절대적인 다정함이 넘쳐흘렀다. 이 다정함이란 감정적인 과장의 의미가 아니다. 모든 것을 품고 다정하게 접촉하면서도 그 너머에 의연하게 타자로서 존재하는 건축에 대한 신념 같은 것이다. 그 다정함에는 교태가 없다. 그렇기 때문에 시원하고 개운하다.

건축 당시부터 지금껏 사용해온 있는 거실 테이블에 앉아 천천히 주변을 돌아보았다. 삼각형 창과 삼각형 보강재 사이에 있는 식물은 그 사이에 잘 자리 잡고 있는 것 같기도 하고 아닌 것 같기도 하고, 어느 쪽이라 해도 괜찮다는 듯 여유로운 모습으로 무성히 자라고 있었다. 마루는 이곳을 방문했을 많은 사람을 기억이라도 하듯 발길에 쓸려 닳았다. 수많은 사람들을 허용하는 공간. 여기저기 낡았지만 투명한 공간의 타자성이 엄연하고 의연하게 그곳에 존재한다.

이런 것을 바라보고 있을 때, '지구와 같은'이라는 말이 불현듯 떠올랐다. 이 건축은 마치 작은 지구처럼 이곳을 오가는 모든 것을 허용한다. 그러면서도 절대적인 타자, 다른 존재로서 존재한다. 가혹하고 냉정한 방식과 다정함의 동거. 이 건축은 더 이상 건축이라기보다 지구라고 표현할 수밖에 없는 존재로 다가온다. 우주가 아닌 지구라는 점이 중요하다. 절대적으로 냉정한 타자이면서 우리들 가까이에 있는 무언가이기 때문이다.

우에하라 도리의 주택에는 작은 영원이 반짝이며 지속되고 있다. 보편성을 휘두르는 과장된 영원이 아니라, 변화해가는 것과 그것을 허용하는 공간의 변하면서도 변하지 않는 관계성이 존재한다. 마치 지구의 영속성처럼. 이렇게 말하면 시노하라 가즈오가 조금 더 화를 낼지 모르지만, 결정적으로 우에하라 도리의 주택에는 본질적인 '환경'의 개념이 유연하게 존재한다. 표면적이며 유행으로서의 '환경'을 가볍게 뛰어넘어서 말이다. 환경 또한 절대적인 타자이기 때문이다. 그리고 환경 시대의 건축이란 이러한 타자의 존재를 어떻게 건축으로 표현할 것인가의 문제이기 때문이다. 이 주택은 우연찮게도 정면에서 그 문제를 꿰뚫고 있다. 만약 작은 지구를 만들 수 있다면 우에하라 도리의 주택이 환경 시대의 건축에 대한 이상적인 형태가 될 수 있으리라 생각한다. 이 주택에는 그 가능성이 반짝이고 있다. 지구 이상의 타자를 나는 알지 못한다.

그런 작은 지구와 같은 곳이 도쿄 우에하라 도리 한쪽에 조용히 존재하고 있었다.

영원과 일상을 이어주는 것
- 새로운 하얀색 / 새로운 추상

집이 기억을 되찾고 있다

이축하기 전, 원래의 '하얀 집'을 보지 못했다. 그러니 모든 것이 바뀌었다 하더라도 내가 알 수는 없을 것이다. 그러나 이번에 새롭게 모습을 드러낸 하얀 집을 본 후, 무언가 '집이 기억을 되돌리고 있는 모습'과 같은 것을 느꼈다. 아니, 본다는 말보다는 체험했다는 말이 맞을 것이다. 그건 정말 이상한 체험이었다.

처음 찾아갔을 때, 하얀 집은 어딘가 서먹서먹한 느낌을 풍겼다. 공사가 거의 끝나가던 견학 모임의 날, 많은 사람들로 넘쳐나던 실내. 이 집 자체가 그 상황에 당황하는 듯했다. 하얀 집은 이렇게 많은 사람을 위해 만든 것이 아니라는 느낌을 강하게 받았다. 그와 동시에 '건축 공간 그대로가 주택 공간이 되지는 않는다'는 시노하라 가즈오의 말이 떠올랐다.

다음번에 찾아갔을 때는 잡지 촬영을 위해 내부를 꾸민 날이었다. 가구도 없고 사람도 없어 집 안이 텅 비어 있었다. 그 속에 혼자 남겨진 나는 또 다른 서먹서먹함을 느꼈다. 그곳에는 분명 공간이 있었다. 그러나 그 공간은 이렇듯 혼자서 가만히 있는 나를 위한 것이 아니었다. 이 집은 혼자만을 위한 것이 아니었다.

세 번째, 약 한 달 후 다시 그곳을 방문했다. 오래된 가구가 들어와 있었고 사람들이 생활하고 있었다. 서서히 무언가 되살아나기 시작하는 듯한 생생한 느낌을 주었다. 이축 직후의 집은 자신이 예전에 어떤 존재였는지 잊어버리고 어떻게 해야 좋을지 알지 못하는 불안을 품고 있는 듯 보였다. 그러나 건축주가 생활을 시작하고 무언가가 점차 연동되어가는 것을 통해 집과 공간 자체가 자신의 기억을 되돌리기 시작하는 듯했다. 집이 드디어 자신이 있을 곳을 발견했다는 느낌이었다.

거대한 다정함의 장소

그리하여 새삼스럽게, 아니 처음으로 하얀 집과 대면했다. 기억을 되돌린 하얀 집은 '거대한 다정함의 장소'였다.

이런 말을 하면 엄청난 오해를 받을지도 모르겠다. 하지만 나는 오히려 시노하라의 건축, 그리고 하얀 집이 그 반대 측면에서 오해받아왔다고 생각한다. 높은 추상성, 사람을 거부하는 건축, 고고한 건축가의 이미지로 말이다. 그러나 사람을 위한 공간, 사람이 일상을 보낼 장소라는 건축을 시노하라 가즈오만큼 진정한 의미에서 고민하는 이가 있을까? 그것이 시노하라 가즈오의 다정함이 되어 건축 공간에 넘치고 있다.

이 다정함은 손길을 내미는 다정함이 아니다. 극진하게 여기저기 나서는 다정함이 아니다. 그저 뒤에 서 있는 다정함이다. 사는 사람의 눈에는 보이지 않는 곳, 그저 곁에 항상 머무르는 다정함이다. 인간의 생활을 기능성이라는 대단히 조잡한 방식으로 정리해서 처리해버리는, 꾸며낸 다정함과는 반대로, 생활에 얽힌 이런저런 지저분한 것들을 모두 조용히 받아들여주는 다정함이다. 이것이야말로 '(일본의 공간 형식을 점차 버려가며) 추상 공간을 조형하고 그것을 일상생활 속으로 되돌리고 싶다는 충동과 연결되어'(《신건축》 1986년 9월호, 하얀 집 해설), '주택을 만든다는 행위의 내부를 가로막고 있는 인간의 욕망에 관심을 지닌 채, 영원한 것을 만들고자 하고 있다'(《신건축》 1986년 9월호, '건축론')라고 말하는 건축가가 도달한 '주택'이란 형식에 대한 대답이 아닐까? 그의 주택이란 추상성과 일상성이 서로를 정의하고 성립시킨 주택이다.

'거대한 다정함'을 지니고 생생한 일상을 떠맡은 채 등 뒤에서 지속적으로 받쳐주기 위해서는 압도적인 새로움을 갖춘 추상을 창조해야만 한다. 그렇게 이 하얀색이 탄생했다.

새로운 추상

그러므로 이 하얀색은 초기 르코르뷔지에의 추상에서 볼 수 있는 하얀색이 아니다. 르코르뷔지에의 하얀색과는 다른 새로운 하얀색이 근대 건축 이후 처음으로 탄생했다고 할 수 있다.

몇 년 전, '라 로시 주택, 1923'을 보았을 때, 너무나도 순수하고 신선한 하얀색에 놀랐다. 이것이 '근대의 하얀색'이라는 사실을 인정했다. 르코르뷔지에가 퓨어리즘(건축적인 간결함과 기계의 본질적 기능성을 기초로 한 예술사조-옮긴이)이라고 칭하던 당시의 '순수'는 바로 이 하얀색이었다. 라 로시 주택의 하얀색은 두께가 없는 하얀색이다. 구성으로서의 컬러, 순수한 기하학이 가시화된 드문 예이다. 하나의 추상이 도달할 수 있는 궁극의 경지가 거기에 있었다.

하얀 집의 하얀색은 르코르뷔지에의 그것과 전혀 다르다. 그것은 우리들의 생활을 감싸주는 공간으로서의 하얀색이다. 빛이 눈 속으로 스며들어 눈물이 맺힐 것 같은 하얀색이다. 그 역광과 순광이 섞여든 것이 바로 공간이다. 이 집 내부는 대단히 투명한 유액 속을 헤엄치고 있는 듯한 느낌을 풍긴다. 그 하얀색이 눈에 스며든다. 하얀색은 빛이며 그림자이며 배경이며 반사이다. 눈이 부시지도 않고 어두컴컴하지도 않다. 다루기 힘든 교묘한 하얀색도 아니고 다른 어떤 하얀색과도 다르다.

이렇듯 같은 하얀색이면서도 서로 다르다는 것은 추상이라는 개념이 새로워졌다는 이야기이다. 이는 놀라운 일이다. 르코르뷔지에 혹은 근대가 보여준 '구성으로서의 추상'에 대해 '관계로서의 추상'이 탄생했기 때문이다. 인간의 밖에 존재하던 추상과 대비되는 인간의 생활과 결탁된 추상이 존재했다. 이는 계통의 외부에 절대적인 관찰자를 둔 뉴턴의 세계와 달리, 관찰자마저 그 계통 속에 필연적으로 포함되는 양자역학이 등장한 때만큼 커다란 차이가 있다.

양식

이 새로운 추상은 시노하라가 가끔 언급하는 '양식'이라는 말로 이해할 수 있다. 양식이라고 하면 왠지 다양한 시대의 건축이 지닌 형태의 특징, 기묘한 스타일과 같은 것을 떠올리게 된다. 그러나 시노하라가 말하는 양식이란 전혀 다른 개념이다. 그가 말하는 양식이란 양식이 탄생하기 직전의 것을 가리킨다. 일상이 형식을 띠게 된 순간에 대해 말하고 있음이 틀림없다.

양식이란 공간의 형태이다. 그리고 이 양식이란 도무지 속수무책이지만 그러면서도 아름다운 일상생활을 오랜 시간 반복하는 동안 반드시 배어 나오게 마련이다. 생활이 지닌 두려울 정도로 강한 힘에 의해 공간이 있는 형식에 도달하고 마는 것이다. 피할 수도 없다. 거기에는 공간의 형식과 생활의 형식이 서로 빈틈없이 포개어 있어 구별할 수 없다. 이러한 상태를 시노하라는 양식이라 부른다. 그때 하얀 집에서 배어 나온 형식은 고도로 추상적인 동시에 생활이라는 날것에 밀착되어 있었고, 추상과 생활이 포개어 있었다. 이런 흔치 않은 순간을 시노하라는 꿈꾸었던 것이리라.

현대에서 이런 '형식'이 가능할까? 시노하라의 주택은 자주 민가와 관련되어 언급된다. 그러나 앞서 서술한 의미에서의 형식을 생각해본다면, 민가라기보다는 민가가 탄생되기까지 수천 년에 걸친 '순간의 지속'을 자신의 창작 활동 속에 응축해 다시금 되풀이하려 하고 있다고 생각한다. 민가에서 출발하는 것이 아니라, 민가 이전으로 거슬러 올라가는 것이다. 기원으로 되돌아가 인간의 압도적인 생활에서 형식이 배어 나오기를 지그시 기다리는 그의 기개가 느껴진다. 그렇게 얻은 형식은 두려울 만큼 추상적이다. 건축의 논리나 형태의 이론에 묶이지 않고 순수하게 인간의 생활이라는 것에만 공간이 주어지기 때문이다. 그리고 그 추상성 때문에 한 가족을 위해 만든 주택이 모든 시대의 모든 인간에게 중요한 암시가 된다. 그리고 이와 같은 기원에서 비롯된 형식의 순화는 이후 시노하라 가즈오가 군마 현에 완성한 '다니가와 씨의 주택'으로 이어졌다.

영원과 일상을 연결하는 것

세 번째 방문했을 때, 건축주 부부의 모습을 보고 깜짝 놀랐다. 부부는 다른 건축주들과는 전혀 달랐다. 그저 기둥 옆에 서 있는 모습, 테이블에서 우리에게 차를 따라주는 모습이 이 집과 완벽하게 조화를 이루었다. 그 사람의 모습, 행동 등 모든 것이 집과 한 몸이 되어 있었다. 이런 경험은 처음이었다. 집이 사람에게 맞춰주고 있는 것일까? 아니면 사람이 집에 맞게 바뀐 것일까? 나는 둘 다라고 생각한다. 면면히 이어지는 일상이 반복되는 동안, 서서히 그리고 부지불식간에 그 두 가지가 동시에 일어났으리라. 시노하라 가즈오의 '다정함'은 건축주 부부를 진지하게 고민하며 만든 이 집에 표현되어 있다. 그러므로 이 집은 건축주에게 맞춰 지은 것이라 해도 좋다. 그러나 그것은 건축주에게 아양을 떨며 맞춰주었다는 말과는 의미가 전혀 다르다. 건축주가 자아내는 무언가와 공명하듯, 깊은 애정을 가지고, 그러나 거리를 두고 지은 집이다. 이 집은 건축주를 자극하고 그와 동시에 그를 감싸 안는다. "인간의 생활공간이란 생물이 움직이는 궤적이라는 측면이 있기 때문에 이와 같은 추상형의 선택은 다양한 엇나감을 만드는 일이 된다. 그러나 내게

이 추상형의 채용은 결코 생활의 유기성을 무시해서가 아니라, 생활양식의 새로운 도약을 기대하고자 한 의도 때문이다."(〈신건축〉1986년 9월호, '주택론')

그리고 건축주는 이렇게 지은 집에 애정을 갖고 오랜 세월을 보낸다. 그렇게 그 집과 함께 살아가는 동안, 집의 일부이기라도 한 듯 점차 조화를 이루어간다. 집이 건축주의 일부일까? 아니면 건축주가 집의 일부일까? 아마 양쪽 모두일 것이며, 양쪽 모두가 아니기도 할 것이다. 여전히 이 집에는 산뜻한 타자성과 일체성이 양립한다. 이는 분명 시노하라가 꿈꾸던 생활과 추상의 양립일 것이다.

차를 따르며 건축주의 아내분이 불쑥 이런 말을 했다.

"시노하라 선생님도 함께였다면 좋았을 텐데요."

나 역시 이곳에 시노하라 가즈오가 있었다면 얼마나 멋졌을까 싶었다. 그런데 그와 동시에 시노하라 가즈오는 지금 이곳에 있다는 생각이 들었다. 그 집에는 시노하라 가즈오가 가득 차 있었다. 강요하지 않고 한 발 물러선 자리에 서 있었다. 그리고 지금도 건축주의 생활과 공명하고 있다.

오히려 나는 이렇게 생각한다.

'오늘날의 건축 세계에서야말로 시노하라 가즈오가 필요하다.'

새로운 추상을 암시하고 실현하며 '인간이 사는 장소'라는 진정한 의미에서의 건축을 지향한 흔치 않은 건축가. "주택이라는 공간은 오늘의 인간이 지닌 다양한 감정의 움직임과 더욱 깊은 관계를 맺어야만 그 존재가 보증된다. 굳이 말하자면 건축이란 인간 생활과의 관련 방식에서 다른 어떤 예술보

다도 전적인 것이라는 사실에 주목해야 한다. 생활 전부를 건 강렬한 예술이라고까지 나는 생각한다."(《신건축》 1986년 9월호, '주택론')고 말하며, 영원과 일상의 연결을 꿈꾼 건축가가 바로 시노하라 가즈오였다. 그 궤적은 우리에게 헤아릴 수 없이 큰 용기를 전해주었다.

"기술은 훌륭하다. 그러나 인간의 생활방식이 보다 더 훌륭하다."(《신건축》 1986년 9월호, '주택론')

이렇게 말할 수 있는 건축가가 되고 싶다.

2005

열린 완벽함

8월 16일 오후, '요요기 국립경기장'으로 향했다. 이날은 내가 요요기 경기장의 내부를 처음으로 본 날이었다. 하늘에는 구름이 가득했고 가는 빗방울이 떨어지고 있었다.

하라주쿠 쪽에서 부지로 들어가 건물 주변을 천천히 돌아보다가 불쑥 '완벽한 건물'이라는 단어가 머릿속에 떠올랐다. 어떤 망설임도 없이, 내 눈앞의 건축은 무서울 정도로 고요하게 '완벽함'을 주장하고 있었다. 구조와 형태, 기능과 새로움, 아름다움이 완벽하게 일치한 궁극의 형식이라고 한 줄로 간단히 적기는 했지만, 그것을 이 복잡하면서도 단순한, 그리고 그 어디에도 없는 건축으로 구현해냈다는 사실은 거의 기적에 가깝다. 그러나 완벽할 뿐만 아니라 산뜻하기까지 한 것은 어째서일까? 긴장감이 감돌지만 고집스럽지는 않다. 주변 도시 혹은 풍경과 대조적인, 그 완벽한 몸짓 때문이었을까?

완벽이 너무나도 자연스럽게 존재하고 있었다.

현대 건축에서 '완벽한 건축'을 언급하는 사람은 없으리라 생각한다. 웅장하고 고고한 건축은 시대에 뒤떨어졌다고 생각하기 때문일지도 모른다. 그러나 정말 그럴까? 요요기 국립경기장에는 부정할 수 없는 완벽함이 있다.

제2경기장

관리사무소에 들러 우선은 제2경기장 쪽으로 향했다. 지하 통로를 통과하니 바로 원형 경기장이었다.

멋진 공간이었다. 어쩌면 최고로 멋진 공간 중 하나일지도 모르겠다. 그러나 그럼에도 약간 어색했다. 기대가 너무 컸을까? 스타디움에서 객석으로 올라가 입구 주변과 강선 케이블 밑을 돌아보았다. 목조 천장의 질감과 케이블 틈 사이로 스며드는 빛. 분명히 멋진 만듦새였다. 어쩌면 주변의 창을 암막으로 덮은 것이 잘못이었을지도 몰랐다. 순수한 상태로 공간을 체험하고 싶다는 생각이 끓어올랐다. 조금은 안타까운 마음을 안고 제1경기장으로 안내해줄 것을 부탁했다.

제1경기장

다시 지하 통로를 통과했다. 기다란 일직선 너머로 제1경기장이 보였다. 내일부터 열릴 이벤트 준비 때문인지 왁자지껄한 소리도 들려왔다. 이벤트를 위한 바닥 작업을 하고 있는 것이리라. 다가갈수록 떠들썩한 소리는 점점 커졌고, 우리는 국립종합경기장의 주경기장으로 발을 내디뎠다.

…

그 순간, 모든 소음이 멀리 사라졌다. 그러나 고요함은 아니었다. 거친 무음의 탁류가 거세게 몰려왔다. 눈 깜짝할 사이 우리는 그 속에 휩쓸려버렸다. 어쩌면 그곳은 건축 공간이 아닐지도 몰랐다. 그것을 초월한 것이었다. 제2경기장이 섬세하고 질 높은 건축 공간이라고 한다면, 주경기장은 훨씬 다른 어떤 것이었다. 제2경기장과 마찬가지로 창에 암막이 드리워 있었음에도, 경기장에서 많은 직원들이 소음을 내고 있었음에도 이 공간은 전혀 동요하지 않았다.

아마 이런 것이었을 것이다.
단게 겐조는 결코 완벽함을 지향하지 않았다. 희한하게도 여기에는 무언가 미완성의 느낌이 있다. 미완성이기에 이런저런 소음을 허용할 수 있으며, 미완성이기에 완벽하다. 모순 같지만 정말 그렇다. 시간이 존재하지 않는 공간이라고 해도 좋다. 이 내부 공간은 완벽함을 꿰뚫고 어딘가로 가버리고 말았다. 그 점이 무섭다. 우리를 동요시키려고 하지 않는다. 이곳에는 완벽함을 위해 이런저런 것들을 조정한 흔적이 전혀 없다. 어느 종착점을 목표로 하고 속도를 줄인 흔적이 전혀 없다. 온갖 요소가 폭주하고 그 끝에 흐릿하게 섞여 만나는 한 점을 응시한다. 그리고 그 건너편으로 꿰뚫고 나가버렸다. 완벽함이 열려버렸다.
제2경기장을 완결된 순수한 공간이라고 한다면, 제1경기장은 완벽함이 닫혀 있지 않다. 그 점에서 이 장소는 도시의 특징과 가까울지도 모른다. 일본 건축 공간 중 내부 공간이 내부 공간인 동시에 도시적인 최초의 건축이라 할 수 있으리라. 이는 배치 계획이나 건축 계획이 도시적이라는 것과는 다르다. 공간 자체가 도시적이다. 이 공간은 건축과 도시 사이에 있는 제3공간이라고 말할 수 있다. '열린 완벽함'이라는 상태로 제3의 공간이 실현되었다는 생각이 든다. 이는 도시와 건축을 동시에 지향한 단게 겐조가 처음으로 발견한 것이 당연했을 것이다. 이 공간 안에 몸을 맡기고 있으면 건축과 도시는 서로를 통해 새롭게 정의되리라는 생각을 하게 된다. 완벽한 도시마저도 가능할 것 같은 기분이 들 정도다.

어쩌면 내가 완벽이라는 것을 오해하고 있는지도 모른다. 하지만 완벽은 결코 고정된 상태가 아니다. 닫혀 있지도 않다.

건축은 완벽을 두려워해서는 안 된다. 건축은 완벽하지 않으면 안 된다. 그러나 그 완벽이란 목표로 삼아야 할 것은 아니다. 완벽이란 결말을 내는 것이 아니라, 열려 있는 것이다. 그리고 그 한가운데를 꿰뚫어야만 그 너머로 갈 수 있다. 이런 생각들이 제1경기장에 머무는 동안 한꺼번에 내 안에 흘러 들어왔다.

제1경기장은 어찌할 바를 모를 정도로 큰 용기를 주는 위대한 건축이다.

루이스 칸
-교통 / 방 / 분라쿠

'필라델피아 교통 연구를 위한 드로잉'은 루이스 칸의 드로잉 중에서도 무척 이색적인 것이다. 그러나 이것이 루이스 칸의 실질적인 데뷔작인 '예일대학교 아트 갤러리'를 설계한 1951년부터 1953년까지와 같은 시기에 그려졌다는 사실을 생각하면 단순히 이색적이라고 말하고 넘어갈 수 없는 기분이 든다. 당시 루이스 칸은 필라델피아 도시계획 전반에 대한 제안 작업을 하고 있었고, 그 일환으로 필라델피아 시의 교통 계획에 대해서도 연구했다.

이 그림이 신선한 것은 화살표만으로 이루어졌다는 점이다. 다양한 교통의 움직임, 속도, 관계 등을 각자에 맞는 길이와 크기의 화살표만으로 표현했다. 이로써 도시의 복잡함, 다양함을 단순하고 신선하게 표현했다.

루이스 칸은 교통 계획 연구를 위해 우선 필라델피아의 현재 교통 현상을 조사하고, 그것을 근거로 해 새로운 교통 시스템을 제안했다. 현재 상황의 분석과 새로운 제안을 모두 화살표 그림으로 그렸고, 그러한 과정 속에 새로운 제안을 표현한 것이 바로 이 드로잉이다.

이 드로잉에 단순히 도시의 교통 시스템이 그려져 있다기보다는, 움직이는 것 자체, 혹은 움직인다는 것의 본질, 즉 보다 근원적인 것이 그려져 있다고 할 수 있다. 마치 "도시란 움직임이다"라고 말하는 듯하다.

그리고 이 드로잉을 주의 깊게 보면, 모든 것이 움직임으로 그려져 있는 가운데 다양한 양상이 보인다. 움직임은 한결같지 않다. 어딘가에서는 소용돌이 치고, 어딘가에서는 질주하며, 또 다른 곳에서는 정체되어 있다. 단순한 화살표의 집적 속에서 사람이 모인 곳, 이동하는 곳이라는 구체적인 활동의 이미지가 가지각색으로 솟아오른다.

이쯤해서 '룸room'이 등장한다.

잘 알려져 있듯 '룸'이란 루이스 칸 건축의 본질이라 일컬어진다.

'건축은 룸을 만드는 것에서 탄생한다.'

'룸은 정신의 장소이다.'

'룸은 건축의 시작이다.'

룸을 그대로 번역하면 방이라는 의미지만, 물론 단순히 방을 만든다는 의미는 아니다. 그렇다면 무엇일까? 실제로 룸이 어떠한 것인지 잘 모르겠다는 느낌을 떨쳐버릴 수 없었다. 수수께끼 같았다. '룸'이라는 말을 할 때, 왠지 나는 무언가 대단히 정밀한 공간의 이미지를 떠올렸다. 예를 들어 '킴벨 뮤지엄, 1972'의 돔 구조를 정면에서 찍은 사진에서 느껴지는 고요함 같은 공간 말이다. 루이스 칸이 순수 입체를 즐겨 쓰던 데서 영향을 받아 그런 이미지를 떠올렸는지도 모르겠다.

그러나 모든 것이 움직이고 있는 이 교통 계획 드로잉을 보고 있으면, 룸을 그저 정밀한 것이라고 생각했던 이미지가 커다란 오해였던 듯 여겨진다. 룸은 더 이상 룸이 아니다.

이 드로잉이 그러하듯, 룸이란 움직임 속의 움직임, 움직임 속의 고요함, 정밀함과 움직임의 공존, 움직임과 고요함이 서로 의존하는 것을 말하는지도 모른다.

만약 그렇다면 '피셔 하우스, 1967'에서 두 동의 건물을 인상적인 45도 각도로 배치한 이유도 이해할 수 있을 것 같다. 혹은 룸은 균일하지 않다고도 정의할 수 있다. '킴벨 뮤지엄'의 돔 구조에도 하나가 아닌 여러 요소가 존재한다. 거기에는 정밀함과 움직임, 그리고 관계성이 있다.

룸이란 움직이는 것이 머무는 장소이며, 룸에는 움직임과 움직이지 않음이 공존한다.

그렇게 이제 분라쿠(文楽, 샤미센 등의 악기 소리에 맞춰 놀리는 일본 전통 인형극-옮긴이)가 등장한다. 나는 분라쿠에 대해 잘 모른다. 철학자 와쓰지 데쓰로和辻哲郎가 쓴 글을 통해 조금 아는 정도지만, 분라쿠에는 움직이지 않는 인형과 움직인다는 것 사이의 결정적인 관계가 그려져 있다.

"여기서 만든 '사람의 형상'은 그저 인형술사의 움직임으로만 형성되는 형태이므로, 정지되고 고정된 형상은 아니다."

분라쿠에서 인형의 본질은 인형을 조종하는 자의 움직임, 그들 사이의 조화 자체에 있다는 말이다. 그리고 이 '움직임으로만 형성되는 형태'란 절대적인 정밀함을 갖춘 인형을 움직이는 행위를 통해 보다 극적인 형태로 완성될 수 있다는 의미다.

움직이지 않는다는 것은 움직이는 것을 통해 진정한 고요함을 획득한다. 움직이지 않는 것에 여러 사람이 관계되기 시작하면서 움직인다는 것은 진정한 생명을 획득한다. 룸이란 이런 '분라쿠적인 의미'를 지니는 것은 아닐까. 루이스 칸은 분라쿠였다.

그리고 '룸'은 단순히 정밀한 공간이기만 한 것이 아니라, 움직이는 것과 움직이지 않는 것의 끊임없는 상호작용이다. 룸이라는 것에 대한 최초의 싹이 이 드로잉에 드러난 것은 아니었을까?

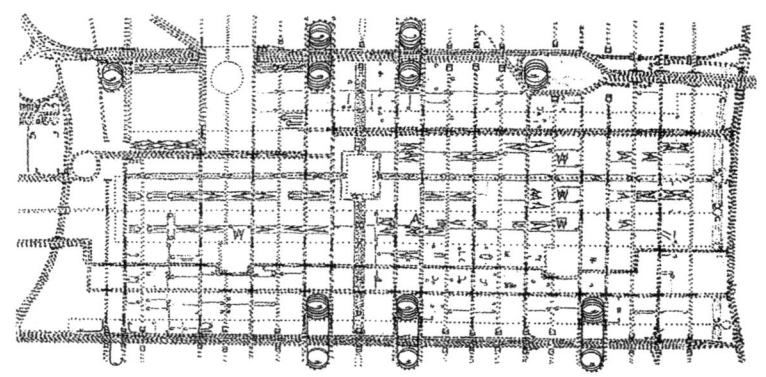

'필라델피아 교통 연구를 위한 드로잉', 1951~1953

도쿄의 벚꽃

2003

내가 홋카이도에서 태어났기 때문에 도쿄의 자연에 대해 부정적으로 느끼느냐고 한다면, 의외로 그렇지도 않다. 반대로 나는 규모가 작은 도쿄의 신록을 좋아한다. 홋카이도의 자연은 거대한 타자이나, 도쿄의 자연은 인간의 모습을 하고 있다. 그 때문에 도쿄의 거주자들은 이런저런 식으로 골똘히 궁리한다. 나는 매년 장미를 피워내는 할아버지, 손질을 전혀 하지 않아 어지럽고 무성한 정원, 열심히 꽃을 심어 가꾼 현관 등의 초록이 좋다. 그러므로 같은 초록이라 해도 그 둘은 전혀 다르다. 어쩌면 도쿄에서는 많지 않은 자연을 최대한 느끼기 위해 감각이 예민해지는 건지도 모른다. 홋카이도에서는 눈치채지도 못했을 테지만, 도쿄에서는 어렴풋한 자연의 기척에 반응하게 된다.

그날 나는 집 앞 간다가와(神田川, 도쿄 도심부에 흐르는 최대 규모의 하천-옮긴이)를 가로지르는 다리를 건너고 있었다. 평범한 봄날, 고개를 푹 숙인 채 걸었다. 시야에 들어오는 거라고는 지루한 아스팔트뿐이었다. 그때 저 아래로 핑크색의 움직임이 눈에 들어왔다. 보통 쓰레기투성이였지만 그날은 핑크색이었다. 숨을 죽이며 다리의 반대쪽 난간에서 몸을 내밀어 상류를 바라보니, 꽤 먼 곳까지 연한 핑크색 띠가 조용히 흔들리고 있었다. 그것은 간다가와의 오염된 콘크리트 제방 밑바닥을 조용히 흘러가는 벚꽃 꽃잎이었다. 나는 한동안 그 자리를 떠날 수 없었다.

며칠 후, 한바탕 쏟아지던 비가 그친 밤, 미지근한 공기가 도쿄의 바닥에 감돌고 있었다. 그 속에는 분명 흐릿하지만 익숙한 냄새가 섞여 있었다. 도쿄 전역에 떨어진 벚꽃 꽃잎이 일제히 썩기 시작하는 냄새였다. 내게는 이것이 도쿄의 벚꽃이었다.

도쿄의 벚꽃. 도시에 있는 벚나무는 거의 대부분 인간이 심은 것이리라. 그러므로 벚나무는 현대의 공간적, 계절적 명소임과 동시에, 도시의 역사에 대한 공간적인 기록이기도 하다. 대량의 벚나무를 심든 아니면 베어내든, 이것은 거대한 도시적 행위를 빼고서는 실현될 수 없다. 그러므로 벚꽃 명소란 어떤 식으로든 도시계획이 행해진 장소라고 해도 좋다.

예를 들어 우에노공원은 에도 시대부터 벚꽃 명소였다. 메이지 유신의 혼란기를 거쳐 1873년에 일본 공원 제1호로 지정되었고 지금에 이르렀다. 또 스미다공원은 예전부터 벚나무 가로수로 유명했지만 거기에 왕벚나무를 식재했고, 관동대지진이 일어난 후 진행된 수도 부흥 사업을 통해 일본 최초의 강변 공원으로 신설되었다. 고도 성장기에 수도 고속도로 때문에 일부 유실

되기도 했지만, 오히려 지금은 더 유명한 벚꽃 명소가 되었다. 그 외에도 제2차 세계대전 전기의 도쿄 녹지 계획의 일환으로 만든 고가네이공원의 벚나무 가로수, 전후 부흥 계획의 곡절 속에 환상3호선(도쿄, 요코하마 등 도시 외곽을 원형으로 연결하는 도로-옮긴이) 구간에 속하게 된 하리마자카의 벚나무 가로수 등이 있다.

이렇게 벚나무들은 심어지고 베어지고 때로는 완성되지 못하기도 하면서 도시계획의 역사를 축적해갔다. 앞으로도 거대한 도시가 변천하는 단락마다 벚나무는 다양한 모습으로 등장할 것이다. 전혀 새로운 벚나무의 풍경도 탄생할 것이다. 이 벚나무들은 성장하고 늙고 말라 죽고 다시 뿌리를 내리며 이 자리에 남을 것이다. 모든 건물이 완전히 무너져 내려 폐허가 되어버린 미래의 도쿄에서는 오직 벚나무만이 도시의 역사를 간직한 흔적으로 매년 꽃을 피울지도 모르겠다. 어쩐지 이런 풍경을 상상해보고 싶어진다.

'모호함의 건축'을 지향하며
-도미노, 모듈러에서 정리되지 않는 질서로

'모호함'이라는 단어를 르코르뷔지에와 연결해보고자 한다. 르코르뷔지에와의 대비와 유추를 통해 '모호함의 질서', 혹은 '정리될 수 없는 것에 의한 건축의 가능성'을 그려낼 수 있지 않을까? 근대는 모든 것을 정리하는 시대였다. 근대적인 미학에 의해 세계를 모조리 정리하고자 했고, 르코르뷔지에는 그 분야의 선두에 선 '정리의 인간'이었다(그리고 그와 동시에 도무지 하나로 정리되지 않는 사람이기도 했을 것이다). 르코르뷔지에는 단순한 도미노 시스템을 전제로 한 근대건축의 5원칙(신건축의 다섯 가지 요점)과 모든 것의 치수를 관리하는 모듈러 이론을 주창한 인물이다. 그 때문에 '모호함'이라는 단어는 르코르뷔지에에게 전혀 어울리지 않는 단어인지도 모른다. 그럼에도 모호함과 르코르뷔지에를 연결하고자 한다. 혹은 르코르뷔지에를 도약대로 날아올라 모호함이라는 의미로 옮겨 가보고자 한다. 원래 르코르뷔지에의 건축은 어떤 시대, 어떤 사람의 어떠한 시점에 의해서도 새롭게 해석될 수 있는 무한한 깊이를 지니고 있다. 그러므로 르코르뷔지에게 가장 어울리지 않는 '모호함'을 열쇠 삼아 르코르뷔지에를 재구축할 수 있다.

1. 도미노 시스템-나누어 정리하는 이론

'정리하는 인간'으로서의 르코르뷔지에의 진면목을 무엇보다 잘 드러내주는 것은 그의 도미노 시스템이다. 1914년, 아무런 전조도 없이 그린 그의 드로잉은 '정리하는 시대'라는 근대를 선명하게 묘사했다.
너무나도 유명한 드로잉이지만 한 번 더 살펴보자. 그 드로잉에 많은 것이 그려져 있지는 않다. 바닥 판이 세 장, 기초에서 올라간 기둥이 여섯 개, 계단이 한 줄 있을 뿐이다. 즉 르코르뷔지에는 건축의 원형이 순수한 바닥, 순수한 기둥, 순수한 계단이라는 세 가지 요소와 그것들의 정밀한 조합만으로 이루어져 있다고 단언한 것이다.
지금의 우리들이 보기에 그 그림은 너무 당연한 듯 여겨진다. 그러나 당연하게 느껴지는 것은 오히려 르코르뷔지에가 있었기에 가능한 일이고, 그런 면에서 그에게 빚진 셈이다. 반대로 그 이전의 건축은 좀 더 혼돈스러웠다. 물론 어느 시대의 건축에서든 바닥이라 할 만한 것이 있었고 기둥이라 할 만한 것도 있었다. 당연히 계단도 붙어 있었다. 그러나 바닥이 오직 '바닥'으로, 바닥 이외에는 아무것도 아닌 존재로 파악되지는 못했다. 기둥도 마찬가지다. 고딕 건축에서 기둥이라 부를 만한 것에는 온갖 조각이 붙어 있으며, 기둥 사이에 설치된 스테인드글라스와 한 몸이 되어 있다. 그러므로 고딕 건축에서의 기둥은 '건축을 성립시키는 것들' 속에 한데 합쳐서 있었던 것이 틀림없다. 바닥도 그렇다. 지면의 일부이거나 아치 구조 속에 섞여 들어간, 통일체에 속한 하나의 현상에 불과했다.

이런 혼돈된 건축 상황에서 바닥, 기둥 그리고 바닥 사이를 연결하는 계단이라는 세 가지 요소를 그 이외의 것이 아닌 오직 그 자체로 선명하게 정의하고 구별한 시도는 커다란 충격이었음이 틀림없다. 그리고 또 하나, 그렇게 명확하게 정의한 '요소'를 정밀하게 조합했다는 사실도 놀라운 충격이었다. 각 요소를 다른 것들과 선명하게 구분하고 정의해 그것들을 정밀하게 조합하는 일은 기계를 만드는 것과 같다. 명확히 정의할 수 있는 부품으로 각 요소를 구별하고 그것들을 정밀한 방법에 의해 짜나간 것이다. 그렇기 때문에 르코르뷔지에의 도미노 시스템은 기계 시대라고 불리는 근대를 상징하는 하나의 방식이 될 수 있었다.

프리미티브 퓨처 하우스-21세기의 도미노 시스템을 추구하며

2000년부터 2001년까지 우리 건축 사무소에는 일이 전혀 없었다. 일거리가 없다는 것을 스스로에게 납득시키기 위해(?) 예전의 르코르뷔지에에게 내 상황을 투영한 것은 아니었지만, 이런 때야말로 다음 세대를 예감하게 하는 원형적인 프로젝트에 착수해야 한다고 마음 먹었다. 나와 21세기의 건축을 위한 도미노 시스템 같은 원형을 만들어보자고 생각한 것이다.

지금 생각하면 정말 단순한 시작이었다. 일단은 커다랗고 평평한 바닥 판재로 어떻게든 해보고 싶었다. 바닥이 평평하고 면적이 크면 클수록 그곳에서 이루어지는 인간 활동이 바닥에 놓인 가구에 의해 규정된다고 생각했기 때문이다. 어쩐지 그것은 불순해 보였다. 그 자체로 사람들의 다양한 활동을 불러오는 건축을 만들 수는 없을지 고민했다. 그 당시 렘 콜하스(Rem Koolhaas, 네덜란드 출신의 세계적인 건축가. '시애틀 중앙도서관', 뉴욕 프라다 매장, 삼성 미술관 '리움' 등을 설계했다-옮긴이)의 영향으로 기울어지거나 물결 모양을 한 바닥도 있었다. 그러나 아무리 물결 모양 바닥이라고 해도 연속적으로 연장되는 바닥의 성질상, 평평한 바닥과 다를 바 없어 보였다. 나는 좀 더 다른 것을 찾고 있었다.

우연찮게도 당시 흥미롭게 읽던 책이 일리야 프리고진(Ilya Prigogine, 복잡계 이론을 주창한 러시아의 화학자-옮긴이)의 산일 구조(dissipative structure)에 대한 책이나 복잡계의 질서에 대한 책이었다. 그 이론을 나름대로 해석하자면 사물의 질서를 규정하는 방법에는 두 가지가 있다. 그중 하나는 커다란 질서를 적용하는 방법이며, 또 하나는 국소적인 관계성의 연쇄에 의한 작은 질서를 만드는 방법이다. 여기서 말하는 커다란 질서란 명백히 근대의 그리드 플래닝(기준이 되는 치수의 격자에 따라 건물을 배치하거나 도시계획을 세우는 방식-옮긴이)으로 규정되지만 작은 질서란 새로운 예감으로 가득 찬 존재이다.

일리야 프리고진의 책을 절반 정도는 이해하지 못했지만, 그것이 르코르뷔지에를 대체할 '무언가'가 틀림없다고 생각했던 것을 지금도 선명하게 기억하고 있다. 그리고 참으로 단순하게도 커다란 판재로 건축을 하는 대신, 잘게 자른 판재를 재조립해 국소적인 관계성을 줄 수 있지 않을까, 하고 생각했다. 서둘러 시험해보니 작게 분할한 판재와 그것들의 중첩을 통해 가구 같기도 하고 건축처럼 보이기도 하는 신기한 존재를 만들 수 있을 듯싶었다. 사람의 활동이 가구 때문에 방해받는다는 위기감에서 시작된 프로젝트였기 때문에 가구도 건축이라고도 할 수 없는 중간적 존재는 내가 찾던 것과 완전히 일치했다.

이렇게 해서 태어난 것이 프리미티브 퓨처 하우스라는 주택 프로젝트였다. 가구나 건축적인 요소마저도 없는 작은 바닥면을 35센티미터의 단차를 둔 채 쌓아 올려 만든 공간으로, 마치 구름이나 빛이 가득한 동굴 같은 공간이다. 다양한 단차가 때로는 가구 역할을 하며 사람의 움직임을 유도한다. 지금까지는 바닥이었던 공간이 테이블이 되고 선반이 된다. 건축에 관련된 다양한 요소가 한 몸이 되어 꿈틀거린다. 바닥의 수평이란 상대적인 존재가 되고 층이라는 개념도 없어지고 만다. 명확한 기능이라는 것이 없어진다. 그러나 그와는 반대로 공간 지형 속에서 사람이 기능을 찾아낸다는 반전이 일어난다. 구조적인 면에서도 명확한 기둥 없이 판재와 판재를 촘촘한 이음매로 연결한다. 이를 통해 전체적인 면에서 평온한 구조체가 탄생된다.

산일 구조나 복잡계는 구름이나 숲처럼 자연 속 복잡한 것의 질서를 기술하는 이론으로, 판재로 이루어진 프리미티브 퓨처 하우스는 구름이나 숲과 같은 '묘한 인공물이 되었다.

도미노 vs 반反도미노

프리미티브 퓨처 하우스를 다시 한 번 르코르뷔지에의 도미노 시스템과 비교해보자.

도미노 시스템은 앞서 서술했듯, 건축의 원형을 바닥, 기둥, 계단이라는 세 가지 요소로 선명하게 분해해 정밀하게 조합하는 것으로 이루어진다. 다양한 인간 활동을 행하기 위한 기반으로서의 제안이다.

한편 재미있게도 프리미티브 퓨처 하우스는 그 상황이 도미노 시스템과 정반대이다. 프리미티브 퓨처 하우스에는 바닥이 없다. 아니, 없다기보다는 다른 것들로부터 깨끗하게 분리할 수 있는 바닥이 없다. 바닥이라고 생각하던 것이 가구가 되고, 벽이 되고, 선반이 되고 천장이 되기도 한다. 기둥이나 구조체도 마찬가지다. 전체가 구조적으로 차분하게 완성되어 있다는 것 이상의 말로 명확하게 정의할 수 없다. 수많은 작은 기둥과 이음매가 존재하고 그 총체가 구조이다. 계단으로 대표되는 동선 부분을 살펴봐도, 바닥인지 계단인지 가구인지 확실하지 않다. 이 모두를 계단이라고도 말할 수 있을 정도다.

프리미티브 퓨처 하우스에는 르코르뷔지에를 통해 명확하게 분리되어 정의된 것들 전부가 모호함 속에 녹아들어 있다. 그러나 모호함 속에 녹아들었다는 것이 흐리멍덩해진다는 의미는 아니다. 반대로 다양한 장소가 새롭게 탄생해 어떤 종류의 풍부함이 생겨난다.

이렇듯 정반대 이론이지만 둘 모두 대단히 심플한 원형의 제안이다. 어쩌면 세 가지 요소로 이루어진 도미노 시스템보다 판재로 이루어진 프리미티브 퓨처 하우스 쪽이 좀 더 심플할지도 모른다. 그곳에는 잘게 잘린 판재와 상호 간의 '거리'만이 상정되어 있기 때문이다. 그리고 두 제안 모두 인간이 활동하는 장소에 대한 원형을 건드린다. 도미노 시스템이 명확하게 중립적인 바닥면을 활동의 기반으로 하고 있는 데 비해, 프리미티브 퓨처 하우스는 신체에 의해 발생하는 모호한 '기복'을 활동의 기반으로 한다는 차이점이 있다. 그러나 둘 모두 인간을 위한 공간에 대한 원형적인 제안을 한다는 점은 동일하다. 그런 까닭에 둘 모두는 건축의 원형에 대한 제안이다. 원시적이며 근원적인 건축에 대한 동일한 제안이 정반대의 두 가지 방법에 따라 실현되었다는 점이 재미있다.

파이널 우든 하우스-미분화의 영역으로 한층 더

2005년 겨울, 목조 방갈로 설계 공모전에서 1등으로 당선됐다. 그 설계안은 프리미티브 퓨처 하우스를 한층 더 발전시킨 궁극의 목조 건축, 파이널 우든 하우스이다.

프리미티브 퓨처 하우스는 아름답고 투명한 판을 쌓아 올려 만들었지만 파이널 우든 하우스에서는 35센티미터의 커다랗고 순수한 목재로 소재가 바뀌었다. 처음에는 이렇게 소재를 변경한 것에 대해 확신이 없었다. 순수한 원형이 무너지는 것은 아닐까 걱정했다. 그러나 설계 공모전에서 최우수작으로 선정된 후, 일 년에 걸쳐 설계를 진행하는 동안 설계안의 순수성에 대해 전혀 정반대의 이해에 다다르게 되었다.

프리미티브 퓨처 하우스를 계획하던 때는 원형성에 너무 치중한 나머지 외벽이나 개구부에 대한 제안은 일단 제외했다. 원형이 되는 아름다운 형식과 그것에 부가되는 외벽, 개구부 등이 암묵적으로 구별되었던 것이다. 그러나 파이널 우든 하우스에서는 나무 덩이를 쌓아 올리는 것을 통해 외벽과 개구부가 자연스러워질 수밖에 없었다. 반대로 말하면, 바닥, 벽, 단열재, 천장, 가구 등이 서로 융합되었다고 할 수 있다. 그 공간을 만들어내는 모든 요소가 하나로 융합한 것이다.

구별하는 것이 아닌, 모든 것이 융합된 것. 그런 까닭에 얼핏 보면 파이널 우든 하우스의 제작 방식이 좀 더 구체적이고 덜 순수해 보인다. 그러나 실제로는 여분을 도려낸 프리미티브 퓨처 하우스의 형식보다 훨씬 더 순수하다는 신기한 반전이 일어났다. 이 발견은 내게 놀라움이었다. 동시에 우리들에게 용기를 주는 발견이었다. 필요한 요소를 줄이고 여분을 도려내고 구별하고 정리해가는 순수한 방식보다 더 순수한 동시에 현실적인 방법이 존재한다는 사실을 가르쳐주었다. 구별하지 않는다는 새로운 방식을 통해 순수함의 가능성이 열린 것이다.

도미노 시스템의 순수성은 프리미티브 퓨처 하우스를 거쳐 파이널 우든 하우스에 다다라 새로운 순수성을 향해 한 발 더 다가가게 되었다. 정리해가는 순수성에서 혼돈과 융합되는 순수성을 향해 갔다.

2. 모듈러-장대한 정리의 체계

한편 프리미티브 퓨처 하우스에서 파이널 우든 하우스로 전개하는 것을 구상하는 가운데 '신체적인 치수와 건축 전체와의 관계'에 대한 생각이 커다란 문제로 자리 잡았다. 신체라는 모호하고 도무지 정리할 수 없는 존재를 건축에 직접적으로 연결하는 일이 가능한가, 하는 문제였다. 이러한 고민은 '모듈러'에 대한 재인식으로 이어졌다.

잘 알려진 대로 모듈러란 르코르뷔지에가 창안한 독자적인 방식으로, 건축의 치수와 인간의 신체를 황금비로 구사해 체계화한 것이다. 미터법에 의해 어떤 식으로든 가능하다는 치수법이 아니라, 어떤 의미에서는 부자유스럽고 막무가내라고까지 말할 수 있는 체계이다. 이 모듈러에서도 '정리하는 인간'이라는 르코르뷔지에의 자질을 엿볼 수 있다.

미터법에 의한 치수는 어떤 의미에서 보편적인 체계이긴 하지만, 반대로 보면 제대로 정리되어 있지 않고 그저 나열되어 있다고도 할 수 있다. 미터법에서는 모든 것의 치수를 선택할 수 있다. 그러나 다른 측면에서 보면 어떤 치수든 좋다는 식이므로 기준을 세울 수 없다. 이를 르코르뷔지에가 납득할 리 없다. 그는 치수 가운데에서도 중요한 것을 구별하고 분리해 나름의 방식으로 나열하고자 했다. 그리고 그 실마리로서 인간의 신체 치수를 기준으로 삼은 부분은 너무나도 르코르뷔지에답다. 건축이란 무엇보다 인간을 위한 장소이기 때문이다. 조각도 그림도 설비도 아닌, 인간을 위한 장소가 바로 건축이다.

신체 치수를 가지고 그곳에 황금비를 조합해 체계화한 것은 좋다. 그러나 과연 그 성과인 모듈러가 진정으로 훌륭한 것일까? 르코르뷔지에가 활약하던 당시는 물론, 현대에서도 그 모듈러를 그대로 사용하는 사람은 없을 것이다. 그럼에도 나는 모듈러를 신뢰한다. 이는 르코르뷔지에의 건축을 체험한 내 개인적인 이유에서 기인한다.

유니테 다비타시옹

대학 4학년 때인 1993년 여름, 처음으로 유럽을 여행했다. 한 달 정도의 여행 기간 동안 이곳저곳을 돌며 다양한 건축을 보러 다녔다. 그중 가장 충격적인 것이 마르세유에서 본 유니테 다비타시옹이었다. 그날 아침 일을 아직까지 잊을 수 없다. 그것은 건축에 대한 나의 사고방식을 송두리째 흔든 경험이었다.

유니테 다비타시옹은 르코르뷔지에의 대표작 중 하나지만 비교적 수수한 건축물이다. 집합 주택으로서 호의적으로 해석되지만, 진면목을 확인할 만한 공간이 있는 것도 아니고 감탄할 부분을 찾기도 힘들다. 이런 수수한 건축에 그렇게 충격을 받은 이유는 무엇일까? 공간에 미혹되지 않고 존재로서의 건축을 직접 접할 수 있었기 때문이리라.

그 체험은 건축이 공간이 아니라는 사실을 가르쳐주었다. 건축이란 존재이며, 존재를 성립시키는 질서 그 자체이다. 건축이란 인간을 위한 장소로서의 질서 그 자체였다. 이러한 것들이 그 콘크리트 덩어리를 보고 있는 동안 하나하나 확실해졌다.

그 당시의 기억을 떠올려보면, 상당히 신기한 기분이 든다. 나는 북쪽 면에서 유니테 다비타시옹을 올려다보았다. 북쪽 면은 콘크리트 벽에 비상계단이 설치되어 있었고 무뚝뚝한 인상을 풍겼다. 그리고 차양에 의해 분절된 서쪽 면이 조금 보였다. 실제로 시야에 들어온 것은 그것뿐이었다. 그러나 나는 두께가 없는 선, 즉 순수하게 기하학적인 수많은 선이 만든 투명한 물체를 본 듯한 기분이 들었다. 그리고 그러한 선에 의해 생겨난 존재가 아주 작은 부분에서 건축 전체에 이르기까지 어떤 원리를 통해 조화를 이룬 존재 그 자체라는 사실을 있는 그대로 실감할 수 있었다. 모든 것들이 느긋하게 조화를 이루고 있는 느낌이었다. 형태가 있는 질서, 혹은 존재의 성립 자체가 질서라는 생각이 들었다.

그 질서의 모든 것이 모듈러에서 비롯된다고는 생각하지 않는다. 그런 식으로 명쾌하게 결론지을 수 있다면 건축은 굉장히 지루한 것이 되고 만다. 그럼에도 그 세계관의 장대함에 감동을 받은 것도 사실이다. 작은 인간의 신체가 거대한 건축, 그리고 도시적인 존재에 이르기까지 일렬로 연결되어 있다. 세계를 하나의 원리로 설명하고자 한 그의 기상에 탄복할 수밖에 없었다.

상대적 기하학으로-건축과 신체를 연결하는 것

이렇게 압도적이고 어떤 의미에서는 폭력적인 정리 방식에 모호함이 파고들 여지가 있을까? 나는 이런 의문 속에서 모듈러가 비율에 대한 것이라는 부분에 흥미를 느낀다.

앞서 서술했듯, 모듈러의 기본은 황금비이다. A라는 치수가 있다고 한다면 그다음 치수는 A의 1.618…배가 된다. 즉 모듈러는 상대적이며 국소적인 관계성에 의한 체계라는 말이다. 미터법이 균질, 균등하게 나뉜 공간, 균질 기하학이라고 한다면, 모듈러는 어떤 치수와 이웃한 그다음 치수와의 국소적인 관계에 의해 만들어지는 상대적인 기하학이다. 도미노에 대해 설명한 단락에서 언급한 '커다란 질서'와 '작은 질서'에 빗대어 말한다면, 미터법은 전체를 전제로 한 커다란 질서이며 모듈러는 국소적인 관계에서 발생하는 작은 질서라고 할 수 있다.

음악에 비유하면, 미터법에 의한 절대적인 치수 체계는 오선지에 그린 악보와 비슷하다. 세계는 이미 오선과 마디에 의해 균등하게 쪼개져 있다. 그 속에서 자신이 좋아하는 음(치수)을 고르면 된다. 이것은 미스 반데어로에로 대표되는 균질 공간에 그대로 연결되는 개념이다.

그렇다면 모듈러에서 보이는 국소적이며 상대적인 계통은 어떻게 비유할 수 있을까. 나는 모듈러를 오선과 마디가 사라진 악보라고 생각한다. 여기서는 세계가 미리 쪼개져 있지 않다. 먼저 음이 있고 그리고 다음 음이 있다. 그리고 그 음과 음 사이에서만 시간이 흐른다. 두 음 사이라는 국소적인 관계 속에서 처음으로 시간이 탄생하는 것이다. 모듈러의 계통 또한 그때그때의 상황 속에서 생겨나는 관계성의 질서라고 할 수 있다. 그리고 앞서 언급했듯, 작은 질서가 자연의 복잡함과 모호함을 창출해내는 원리라고 한다면, 모듈러의 질서는 도미노에 의한 근대의 정리 방식과는 전혀 다르게, 모호하고 복잡한 건축의 가능성을 선취했다고 할 수 있다. 여기에서 미스 반데어로에와 르코르뷔지에가 결정적으로 갈라선다.

동시에 무한소부터 무한대까지 '상대적으로' 연결하는 방식은 나의 최신 프로젝트인 N 하우스의 3중으로 중첩된 상자형 구조에도 영향을 미쳤다. 이 주택의 원시적인 보편성은 원리의 단순함과 상대적이기에 가능한 복잡함, 유연성에 의해 획득된다. 선명한 원리가 모호함과 복잡함을 만들어낸다는 것. 신체라는 정리하기 힘든 것을 건축에 직접적으로 연결할 수 있게 하는 체계. 이러한 것이 미래의 건축에 모듈러가 가져다준 가능성임에 틀림없다.

강제성을 띤 정리 체계인 모듈러는 얼핏 근대의 유물처럼 여겨지기도 한다. 그러나 국소적이며 상대적인 질서의 가능성이라는 의미에서, 그리고 신체와 건축 간의 연결이라는 의미에서 모호함의 건축에 연결된다.

3. 모호함의 건축을 목표로

그런데 왜 '모호함'일까. 그것은 건축을 생각할 때 내게 흥미를 불러일으키는 단어이기 때문이다. 그렇지만 단순히 '모호한 건축'을 만들고 싶다는 것은 아니다. 건축이라는 모호하지 않은 존재 안에서 '모호함' 자체를 표현하거나 연출하고 싶은 것도 아니다. 근대를 상징하듯, 모든 것을 정리하고 구별해버리는 건축을 하고 싶은 것도 아니다. 모호함이란 정리되지 않는 것 그 자체를 건축화하는 새로운 방식이 존재할 수 있다는 예감 같은 것이다.

도무지 정리되지 않는 것, 대단히 복잡한 것인 동시에 인간을 위한 장소로서 근원적인 것, 그리고 사람이 머물기 좋은 장소일 것. 이것이 내가 하고 싶은 건축이다. 이는 어떤 의미에서 자연의 상태와 닮았다. 숲이나 정글 같은 불가사의한 건축을 할 수 있을지도 모른다. 인공물이지만 자연의 성질을 겸비한 건축. 자연과 인공의 사이 같은 건축을 그리고 있다.

도미노 시스템에서 시작해서 모듈러를 통과하면서, 엄밀한 정리의 질서를 지닌 근대가 어떤 종류의 모호함을 갖춘 새로운 질서로 이행하게 되리라는 것에 대해 살펴봤다. 그러나 이미 르코르뷔지에는 그 당시 이런 예감을 했는지도 모른다. '사보아 주택'은 도미노 시스템과 5원칙을 구체화했다고 일컬어지는 그의 대표작이다. 이미 여기에서부터 이상야릇하게 복잡하며 논리로는 딱 잘라 결론 낼 수 없는 '풍부함'이 넘치기 때문이다. 만년에는 조개를 스케치하고, 모듈러 이론과 '롱샹 교회', '라 투레트 수도원'이라는 수수께끼를 남긴 르코르뷔지에.

근대를 넘어선다는 것은 르코르뷔지에를 부정하는 행위가 아니다. 우리들에게 필요한 것은 미래를 예감하는 르코르뷔지에의 상상력이다.

2005

공간, 질서, 약함 그리고 건축

당연한 일인지는 모르겠지만, 책을 읽거나 전람회에 가거나 영화를 볼 때, 건축에 도움이 될지 어떨지 특별히 생각하지 않는다. 그저 소박한 호기심에 맡기는 편이다. 그러나 내가 만드는 건축 역시 소박한 호기심에서 출발하는 것이므로 어딘가에서 서로 연결되리라고 생각한다.

강의 후 질의응답 시간에 어떤 책을 읽으면 좋겠냐는 질문을 받은 적이 있다. 그럴 때면 "지금 읽고 싶은 책을 읽으면 된다"고 스스로 생각하기에도 다소 불친절한 대답을 한다. 나 역시 그렇게 책을 읽어왔다. 읽고 싶다고 생각할 때 읽어야만 그 책에서 얻을 수 있는 것에 반응할 수 있다고 생각한다. 물리학자인 유가와 히데키湯川秀樹가 썼듯, 나 역시 읽은 책의 내용을 대부분 잊어버렸다. 기억하고 있다면 얼마나 멋질까, 생각하지만 결국엔 잊어버리고 만다. 하지만 다행히도 인상에 남은 내용은 내 안에서 건축의 형태로 변환되어 축적되었다. 그렇게 생각하면 조금 마음이 편해진다.

공간

내가 공간이라는 것을 제대로 된 의미에서 의식하기 시작한 것은 《가모프 전집》을 읽고 나서부터였을 것이다. 조지 가모프George Gamow는 우주의 기원에 관한 빅뱅 이론을 제창한 러시아의 저명한 물리학자로, 당시 최첨단 과학, 상대성 이론, 양자론, 우주의 기원, 수학 등에 대해 알기 쉽게 해설한 명저가 바로 《가모프 전집》이다.

이 책을 읽은 것은 아마도 고등학교 시절이었을 것이다. 책장에 꽂힌 낡은 책을 발견하고 우연히 읽기 시작했다. 그리고 순식간에 빠져들었다. 그렇다고 모든 것을 정확히 이해한 것은 아니었다. 그렇지만 상대성 이론이 말하는 '공간'을 신체적으로 이해하게 되었다는 기분이 들었다. 그것은 신선한 공간이었다. 어쩌면 '사물'과는 다른 '공간'이라는 것이 '존재한다'는 사실을 처음으로 알게 되면서 느낀 신선함이었으리라.

그때 나는 공간이라는 것을 볼륨이 있고 뒤틀리고 신체와 상호작용하는 존재로 인식했던 듯하다. 상대성 이론에 대한 서술을 정확히 신체화했다기보다, 오히려 가모프의 이야기에서 '공간'이라는 개념을 내 나름대로 인식하기 시작했다는 느낌이다. 고교 시절은 건축을 배우기 전이었으니 건축 이전에 먼저 공간이라는 것을 인식한 셈이다. 게다가 그 공간의 개념이 대단히 특수하면서도 보편성을 지닌 상대성 이론의 이미지가 나의 건축과 공간이 지닌 근원적인 풍경이다. 그리고 그것이 지금 나의 건축을 뿌리 속에서부터 규정한다. 최근 나는 '거처'라는 것을 건축의 근저에 자리매김해보려 하고 있다. 거처는 공간과 분리할 수 없는 것이다. 즉 하나의 '장場', 혹은 '장의 뒤틀림'이 공간이라고 말할 수 있다.

여담이지만 《가모프 전집》 6권은 수학에 대한 내용을 담고 있다. 소수에 대한 이야기, 어마어마하게 큰 수에 대한 이야기, 인도의 수학 등, 수에 관련한 매력적인 이야기로 가득 차 있다. 특히 무한한 방이 있는 호텔의 무한한 숙박객에 대한 이야기는 대단히 인상적으로, 그 이후 수학자 게오르크 칸토어 Georg Cantor는 내 마음속 영웅 중 한 명이 되었다. 무한에 대한 이 이야기와 연결되면서 호르헤 루이스 보르헤스(Jorge Luis Borges, 아르헨티나 출신 소설가이자 시인. 환상적 리얼리즘에 바탕을 둔 작품으로 현대 포스트모더니즘 문학에 큰 영향을 끼쳤다. 대표작으로 《알레프》, 《불한당들의 세계사》 등이 있다-옮긴이)와도 만났다. 그 이야기는 조금 뒤에 다시 하기로 하자.

질서

지금 나의 설계 활동에 직접적이며 결정적인 영향을 미친 책이 있다면, 그건 바로 일리야 프리고진과 이사벨 스텐저스Isabelle Stengers가 공동 집필한 《혼돈으로부터의 질서》일 것이다. 대학 시절, 친구가 추천해준 책이었지만 사실 그때는 읽지 않았다. 그러나 어떤 면에서 끌렸던 모양이다. 졸업하고 혼자서 건축 설계를 시작한 직후 특별히 할 일도 없었던 묘하게 축복받은 상황 속에서 어떤 예감이 들었는지 읽어보고 싶어졌으니 말이다.

이 책 역시 정확한 내용은 잊어버리고 말았다. 인상에 남은 것은 근대라는 것이 지니고 있는 '커다란 질서'에 비해 부분과 부분의 관계성에서 생겨나는 '부분으로부터의 질서'가 존재한다는 메시지였다. 예를 들어 숲의 나무들은 나름의 질서가 있지만, 그 질서는 누군가가 외부에서 배치를 결정해 만들어낸 것이 결코 아니다. 도쿄의 도로는 마구잡이처럼 보이지만 어떤 질서에 따르고 있으며, 질서와 의외성, 불확정성이 공존한다. 장소가 지닌 이러한 본모습, 사물의 질서가 생겨나는 방식에 엄청난 충격을 받았다. 그것은 건축에 대한 문제 제기 그 자체였다. 《혼돈으로부터의 질서》를 읽은 후, 이 책 너머에 근대와 르코르뷔지에를 넘어설 무언가가 반드시 있으리라고 생각했다. 그러나 그것을 건축 공간에서 표현하는 일은 꽤나 힘들었다. 당시 진행하던 정신병원 설계에서 커다란 중앙 복도라는 질서를 포기하고 작은 공간을 연속으로 구성해보기도 했다. 커다란 바닥면을 포기하고 앉을 수 있을 정도의 단차가 있는 면적을 연속시켜 주택을 고찰해보기도 했다. 이런 시행착오의 계기가 된 것이 바로 《혼돈으로부터의 질서》였다. 앞으로도 무수한 시행착오가 이어지리라고 생각한다. 그런 과정을 통해 새로운 질서의 원형, 사물의 새로운 존재 방식과 같은 것을 찾을 수 있기를 바란다. 과학 분야는 여전히 내가 무척 좋아하는 분야로, 생물학에 관계된 책이나 최신 과학 이론인 초끈 이론을 다룬 책도 자주 본다. 안나카 환경 포럼의 설계안은 '건축의 초끈 이론'이라 불릴 수도 있지 않을까 생각해보기도 한다. '모든 건축의 원형은 이것이다'고 할 만한, 궁극적이며 강력한 이론이 있으리라 생각한다. '부분으로부터의 건축'에 대한 이러한 시행착오 중 하나가 '아오모리 현 현립미술관' 설계 공모전에 제출한 설계안이었다. 그 당시 부분에서 질서를 잡아가는 이 새로운 건축에 무언가 이름을 지어주고 싶은 마음에 문득 '약한 건축'이라 불러보았다. 그리고 거기에서부터 새로운 이미지가 부풀어 오르기 시작했다.

약함

'약한 건축'이라 입 밖에 내놓고 나서 '그런데 그게 뭐지?'라고 생각하곤 한다. 이런 일이 생기기도 하니 언어란 참 재미있는 존재다. 언어가 탄생할 때는 그것의 본질을 알고 있기 때문이 아니라, 잘 모르는 상황 속에서 느껴지는 흐릿한 예감에서 비롯된 것일 때가 많다. 알기 위해 일단 말해보는 것이다. 그리고 사고하기 시작한다. 약하다는 개념 역시 그렇게 시작되었다.

그리고 그 무렵 《다케미쓰 도루 저작집 1~5》을 읽었다. 그 저작집을 산 것은 책이 아름다워서였다. 서점에서 그 책을 발견한 후, 손에 들고 보니 갖고 싶어져서 샀다. 항상 생각하는 것이지만, 책은 물건 그 자체가 상당히 중요하다. 장정裝幀이라고 할까, 책의 모양새나 디자인으로 모든 것이 결정되는 일도 있다고 본다.

집에 돌아와 읽어보니 책이 너무 재미있었다. 무엇이 그렇게 재미있었을까? 지금의 우리가 매일 그러하듯, 다케미쓰 도루도 매일 무언가를 모색하고 가설을 세우고 논하고 다시 모색한다는 사실을 알게 되었기 때문이다. 그러한 시행착오 속에서 탄생된 문장을 읽다 보면 나도 뭔가 해보고 싶다는 의욕이 생긴다.

동시에 근대 음악이 목표로 하던 무조無調 음악이 어찌해 볼 수 없는 정체 상태에 빠져 있던 중, 그것을 넘어 새로운 음악을 지향한다는 것이 마치 새로운 건축을 만들고자 하는 우리의 생각과 겹치는 듯했다. 음악과 건축이라는 꽤 다른 각자의 세계에서 무언가 비슷한 것을 모색하는 사람이 있었던 것이다. 그리고 그 편린을 아름다운 문장으로 표현하고 있었다. 그 몇몇 언어에 때때로 반응하며 무언가 새로운 것에 대한 예감 같은 것을 감지할 때, 혹은 저 먼 미래의 그림이 슬쩍 보인 듯한 기분이 들 때, 창작의 기쁨이 찾아온다. 그런 순간으로 가득 차 있는 책이었다.

구체적으로 또 하나를 들어보면, 내가 말하는 '약함'이라는 것과 일본적인 음, 악기 같은 것들이 서로 연결되어 있다는 느낌이 들었다. 그러나 '약함=일본'이라는 식으로 말하려는 것은 아니다. 단지 약하다는 의미를 설명하는 실마리로서 보다 이해하기 쉽다는 이유 때문이다. 다케미쓰 도루는 비파나 퉁소 등 동양의 악기를, 아니 그보다는 '울림'을 모색했다. 그것은 단순히 서양음악과 조합한다는 수준의 것이 아니라, 일본의 울림, 그리고 그 시간의 감각 속에 무언가 새로운 가능성을 찾고 있었다고 생각한다. 내가 말하는 '약함'이라는 감각과 다케미쓰 도루의 울림 사이에 무언가 접점이 있다는 느낌이 들어 서둘러 책을 읽어 내려갔다. 물론 답은 없었다. 그러나 이 책을 통해 깊은 곳까지 도달했다는 기분이 든다.

그 후 얼마 지나지 않아 '오선 없는 악보'를 만들었다. 바흐의 '골드베르크 변주곡'의 악보에서 오선을 지워버린 드로잉이었다. 이 드로잉의 질서는 균질한 시간 속에 음이 자리 잡고 있다는 미스 반데어로에식 질서가 아닌, 각자의 음 자체에 고유의 시간이 내포되어 있다고 하는, 그야말로 일본 악기의 음과도 같은 질서였다. 그것을 그대로 공간으로 치환하면 내가 의도하는 건축을 표현할 수 있지 않을까 생각했다. 그것이 지금 나의 건축 이미지를 암시하는 가장 선명한 그림이라고 생각한다. 그리고 그 악보에서 또 다른 새로운 이미지가 흘러나오고 있다.

새로운 '과정'을 만들어내고 싶다

2008

건축의 근원으로서의 관계성과 거리감

-INAX출판에서 출간한 《원초적인 미래의 건축》에서 동굴을 '시작'이라는 말과 묶어두셨더군요. 이는 얼핏 동굴을 역사적인 건축의 기원 중 하나로 취급하는 듯 보이기도 합니다만, 사실 동굴이라는 것은 후지모토 씨가 지향하는 건축의 본질적인 부분을 표현할 때 처음으로 등장한 것으로 '기원'이 아니라 '근원'으로서 파악하고 계시다는 생각이 드네요.

후지모토: 그렇습니다. 기원이라고 하면 아무래도 시간적인 시작이라는 느낌이 드니까요. 건축은 역사를 지니고 있기 때문에 그것을 시간 순으로 거슬러 올라가는 일도 물론 있지요. 그러나 솔직히 시간을 거슬러 올라가는 것과는 상관없이 '사실은 이걸로도 충분하지 않은가?'라고 생각하게 하는

면이 있는데 바로 그것이 근원입니다. 혹은 인간이 있는 장소, 생활하는 장소라고 하는 부분에 무언가 실마리를 풀어낼 계기가 있는 것이 아닌가 싶기도 하고요. 이처럼 시간과 특별히 관계없는 건축의 시작 같은 것에 흥미가 있어요.

-후지모토 씨는 기능을 건축의 근원으로 파악하지는 않지만 그렇다고 역사나 환경이라는 맥락상의 개념으로 파악하시는 것도 아니신 듯해요. 《원초적인 미래의 건축》에 쓰여 있듯, '관계성'이나 '거리감'으로 건축의 근원을 파악하신다고 생각해요. 물론 기능이나 맥락상의 개념이 후지모토 건축 속에서 소홀히 다뤄지고 있는 것은 아니지만, 건축에서의 근원, 혹은 가장 본질적인 것은 '관계성'과 '거리감'이라고 반복적으로 언급하고 있죠.

후지모토: 언제부터 제가 그런 생각을 하기 시작했는지 잘은 모르겠지만, 일리야 프리고진이 쓴 《혼돈으로부터의 질서》라는 책을 대학 졸업 이듬해 정도에 읽었어요. 홋카이도로 돌아가 있었고 아무것도 할 일이 없던 시기였는데, 그 책을 읽고 '아. 이거다!'는 느낌이 들었죠.

요컨대 근대의, 그러니까 우리가 르코르뷔지에의 건축이라고 부르는 근대의 건축은 커다란 그래프용지를 펼쳐 거기에 사물을 나란히 놓아가는 작업이었을 겁니다. 그러나 그와 달리 《혼돈으로부터의 질서》에서는 그야말로 혼돈에서 자연의 질서가 솟아나오는 듯한 방식이 있다는 사실을 이야기하죠. 국소적인 관계를 지닌 것들에 의해 느슨한 질서가 성립되어간다는 이야기였습니다. 제가 이해한 바로는 말이지요. 이는 르코르뷔지에와는 완전히 정반대의 주장이었고, 대단히 재미있다는 생각을 했어요. 그래프용지에 상당하는 것을 그래프용지와는 전혀 다른 방식으로 만들어버리는 느낌이라고나 할까요. 이후 그러한 것을 의식적으로 생각하게 되었습니다.

-느슨한 질서가 최근 말씀하시는 '모호함의 질서'라는 것과 관계가 있습니까?

후지모토: 그렇습니다. 건축이란 무언가의 질서를 잡는 것이라고 생각해요. 건축이란 사는 장소이지만, 그와 동시에 그저 살기만 할 수 있다고 다 해결되는 것이 아니지요. '질서를 잡는다' 혹은 최근에는 '성립 과정'이라는 말을 자주 하는데, 사물이 '존재'가 되면 그 속에는 질서가 있습니다. 새롭게 성립되어가는 질서에는 기쁨이 있고요. 새로운 성립이 우리들의 새로운 주거 방식을 유발하거나 자극할 수 있다면 그것은 진정한 의미에서의 '자극적인 건축'일 겁니다.

새로운 건축이란 무엇인가에 대해 생각할 때, 근대 건축을 좋아하는 만큼 그것과는 다른 방식이 존재하리라는 생각을 합니다. 그래서 관계성을 말하는 것이죠. 관계성만 존재한다면 건축은 탄생한다고 말이지요. 단, 관계성은 편리한 단어이지만 위험한 단어이기도 합니다. 그 때문에 안이하게 관계성이라고 말해버리는 것도 걸리긴 해요. 요컨대 벽이 있기에 지붕이 있다는 것이 '건축'은 아닙니다. 편의상 벽이나 지붕으로 형태를 이루고 있지만, 그 뒤에는 보다 근원적인 무언가가 흐르고 있으리라는 생각이 항상 제 안 어딘가에 있거든요.

　　　　-지금 말씀하신 '질서'와 연관해서, 아오모리 현 현립미술관의 설계 공모전에 출품하셨을 때 "약한 건축을 만들고 싶다"는 발언을 하신 걸 기억합니다. 질서라고 하면 우리는 무언가 강한 것을 감지하게 되는데, '느슨한 질서'라는 것이 '약한 건축'과 이어지는 개념인가요?

후지모토: 질서와 모호함이라는 말이 연결되면 재미있잖아요. 그러나 그저 단순히 재미를 넘어, 두 단어의 연결을 통해 양쪽 모두 의미가 바뀌게 된다는 게 중요하죠. 모호함이라는 단어의 의미와 질서라는 단어의 의미가 바뀌어 그 중간에 수수께끼의 영역이 생겨납니다. 그러면 그곳에는 단어뿐만 아니라, 형태마저도 들어올 만한 뻥 뚫린 구멍 같은 것이 생기죠. 이렇게 단어나 형태 하나만으로 결론이 나지 않는 영역이 늘 어딘가에 있다는 생각이 듭니다.

　　　　-지금까지의 건축에는 꽉 맞는 프레임이 존재했습니다. 그것에 꽁꽁 묶여 있어 건축하기 힘들다는 느낌이 있는데, 어떠십니까?

후지모토: 만일 프레임이라는 게 있다면, 그것을 착착 부수어가는 즐거움도 있어요. 하지만 그저 마구 부수기만 한다면 너무 비생산적이겠지요.

제가 건축을 하겠다고 결정하기 전에는 물리학을 좋아했습니다. 물리학의 어떤 부분이 좋았냐면, 세계라는 것이 이런 식으로 만들어진 게 아니겠냐는 이론 때문이었어요. 물리학이라는 게 이런 관점으로 세계를 본다면 훨씬 더 명쾌해진다, 혹은 이런 식으로도 서술할 수 있다고 하는 새로운 사고방식을 이끌어내는 작업이잖아요. 수학에도 그런 부분이 있는 것 같고요. 저는 건축학과에서 공부하기 시작한 때부터 지금까지 건축이라는 것도 '세계에 대한 새로운 시점' 같은 것으로 파악하는 면이 있어요. 물리학과 수학이 그러하듯 말입니다.

그래서 근대 건축이 단단한 틀로 존재할 때, 그것이 싫거나 틀렸기 때문에 부순다는 것이 아니라, 그것이 강하면 강한 만큼 그것과 다른 근원적인 건축의 존재 방식을 제안할 수도 있으리라 생각했어요. 둘 다 맞지만 그것의 대안으로서 전혀 다른 체계인 것, 그러면서도 이전의 것과 마찬가지로 인간이 사는 장소로서 설득력이 있는 것을 만들어갈 수 있으리라고 생각합니다. 《원시적인 미래의 건축》이란 책에서 르코르뷔지에와 내가 설계한 프리미티브 퓨처 하우스를 비교한 것도 특별히 둘의 장단점을 비교하기 위해서가 아니었어요. 전혀 다른 사고방식으로 탄생한 건축임에도 둘 모두 인간이 사는 장소라는 근원을 건드린다는 점 때문이었습니다. 그리고 지금까지는 르코르뷔지에의 방식뿐이었지만, 내 방식에도 가능성이 있지 않을까, 하는 것을 표현하고 싶었던 거죠.

서로를 풍부하게 하는 관계성

    -처음에 말한 '기원'과 '근원'에서 보자면, 조금 전 말씀 중에 나온 모더니즘 건축이라는 것은 이전까지의 건축의 흐름을 단번에

잘라내고 제로부터 새로 세워 20세기라는 '기계의 시대'에 걸맞은 새로운 건축을 지향한 것입니다. 이른바 제 스스로 새로운 건축에 대한 기원의 선봉에 섰다고도 할 수 있을 거예요. 이러한 모더니즘에 비해 후지모토 씨는 백지 상태에서 출발하는 것이 아니라, 어떤 종류의 환원을 통해 마지막에 남은 것, 즉 건축에서 가장 본질적인 데서 시작하려 하는 듯 보입니다.

그것이 '관계성'이며 '거리감'이라고 생각하는데, 그렇게 추구한 결과 만들어지는 형태는 그것들에 비교했을 때 그다지 비중이 크지 않은 위치에 존재하게 되는 것은 아닌가 싶어요. 그리고 큐브형 건축도 있지만, 집 모양 건축도 있고, 때로는 평면이 아메바처럼 부정형인 건축을 설계하기도 하지요. 이런 면에서 본인도 말씀하셨듯이, 작업의 결과물들이 일관되어 보이지 않기도 하고요. 하지만 근원에 대한 의식의 부분에서 본다면, 다르게 보이는 것들이지만 사실은 연결된 것은 아닐까 하는 느낌도 드는 게 사실입니다. 이 부분에 대해서는 어떻게 생각하십니까?

후지모토: 지금 말씀하신 것 중 뒷부분은 확실히 맞는 말이지만, 형태나 사물에 비중을 적게 두는 것은 아니에요(웃음). 눈앞에 드러내는 이런저런 표현 방식이 있긴 하지만 그 근저에는 무언가 공통적으로 흐르는 것이 있어요. 관계성과 거리감이 가장 중요한가라고 한다면 그건 좀 아닙니다. 전체적인 콘셉트에 비해 형태로 드러나는 것이 2차적인가라고 한다면, 의외로 그렇지도 않고요.

도쿄 아파트먼트를 예로 들어보면, 이 주택의 형태는 너무나도 어처구니없고 지나치게 단순하지만, 다른 이유는 아무것도 없이, 일단 이런 형태로 진행해보자는 것만으로 프로젝트를 시작했어요. 내 안에 콘셉트가 있어, 단순히 그것을 실현하는 무언가로서 이런저런 형태가 창출되는 것은 아닙니다. 관계성과 거리감이라는 말이 물론 내 안에 있긴 하지만, 설계안을 만들 때 그 새로운 설계안이 내 속의 언어나 콘셉트로부터 유도되는 것을 원하지 않아요. 오히려 몰랐던 것이 갑자기 튀어나올 때, 거부하기 힘든 매력을 느끼죠. 이게 뭘까, 이게 뭘까 계속 생각하면서, 이런저런 내 속의 언어를 이용하기도 하고 형태를 변화시키기도 하며 설계안이 성장해나가는 겁니다. 그러다 보면 오히려 자신의 콘셉트라고 생각하고 있던 것의 가능성이 더욱 확장되어가는 것을 깨닫게 돼요. 콘셉트에서 형태가 창출되는 것과 형태로부터 콘셉트를 새롭게 전개해나가는 것, 이 두 가지의 현상 모두 내게 자극이 되죠.

그러므로 이 콘셉트 북처럼 생각을 정리해놓은 걸 본다면, 제가 이러이러한 생각을 한 후 건축을 시작했다고 생각하실 수도 있을 거예요. 그러나 사실은 손이 자의적으로 만들어낸 것에 이름을 붙여보고, 이름을 붙인 후 새로 알게 된 것에 다시 손을 대 형태로 만들어나가는 식이죠. 그리고 그렇게 완성된 것에 또 다시 언어를 부여하는 겁니다. 그렇게 쌍방이 서로를 만들어내고 있는 부분이 있어요.

조금 전에 말한 일리야 프리고진의 책에도 관계성이라는 단어가 나오지만, 건축 속에서 그 단어가 지니는 중요성에 대해서 조금씩 깨달아가고 있어요.

예전에 '세이다이병원 신병동'을 설계할 때에도 관계성이라는 단어를 사용하긴 했죠. 그러나 보다 크게 변화한 때는 안나카 환경 포럼의 설계 경연안과 T 하우스를 만들던 때였지요. 제가 말하던 관계성이 꽤나 좁았다는 것을 그때 깨달았습니다. 처음에는 관계성을 사물과 사물이 있고 그곳에 관계가 생겨난 것으로 이해했습니다. 그러나 아니었어요. 사물과 사물이 있기에 관계가 생겨나는 것이 아니라, 관계가 있기에 비로소 사물과 아이덴티티를 말할 수 있는 것은 아닌가라는 생각이 들었습니다. 사물과 사물이 있고 그곳에 관계성이 생겨난다는 순서가 아니라, 관계성과 그 사물의 개성은 거의 동시에 드러난다고 할 수 있을 만큼 그 순서가 느슨해졌던 것이지요.

이후 오선 없는 악보에 대한 이야기가 나오는데, 관계성이라는 단어라든가 거리감이라는 단어만 보아도, 그것들이 하나의 콘셉트로 독립한 것이 아니라는 사실을 알 수 있을 겁니다.

-다양한 프로젝트를 통해 하나의 개념이 심화되어가고, 그렇기 때문에 처음의 것과는 달라지고 있다는 말씀이군요.

후지모토: 맞아요. 달라져왔습니다. 어쨌든 저는 우리들이 알고 있는 것의 바깥에 무엇이 있는지 알고 싶어요. '저건 도대체 뭐지?' 싶은 것도 실제로 해보면 우리가 생각하는 범주에 속하는 것이기 때문에 대체로 이미 알고 있던 것들과 어딘가에서 연결됩니다. 언어란 대단해요. 뭐가 뭔지 모르는 것들도 그 속에서 서로 간의 관계를 발견할 수 있다는 사실은 감동적이거든요. 그렇게 우리 주변을 조금씩 일궈가고 있다는 느낌으로 건축을 하고 있습니다.

두 사람이 있을 때 재미있어지는 건축

-좀 전에 관계성과 거리감이 가장 중요한 것은 아니라는 말씀을 하셨듯이, 최종적으로 지향하고 계신 것은 접속이나 절단에 의해 탄생되는 관계성, 혹은 멀고 가까움의 변주 같은 것이 아닌, 관계성에 의해 드러나는 현상적인 것이 아닐까 생각하게 되네요. 즉 새로운 현상을 만들어내 우리들의 신체를 새로운 형태로 촉발하는 것을 지향하신 것은 아닌가 하는 거지요. 후지모토 씨는, 사물이라 하기보다는 사물 본연의 모습에 의해 드러나는 현상이라는 것에 좀 더 중심을 두고 계시다는 생각을 하게 됩니다.

후지모토: 딱 잘라 말하기는 어렵네요. 단, 저는 현상이라는 단어를 그다지 좋아하지 않아요. 현상과 사물 본연의 모습이 있다고 했을 때, 둘 중 어느 하나에 무게가 치중되는 것이 싫거든요. 새로운 현상이 새로운 것 본연의 모습 속에서 태어나길 바라요. 새로운 현상만을 추구하는 것은 유약하거든요. 사물 본연의 새로운 모습을 제안한다고 해도 건축은 결국 인간과 관계되므로 새로운 관계 방식을 수반하지 않는 사물의 본연이란 것은 지루하죠. 그러므로 동시에 양쪽 모두가 드러날 수 있는 건축을 하고 싶다는 생각을 합니다. 단, 둘 중 하나를 고르라면 사물 본연의 모습에 좀 더 흥미가 있지만요.

-역시 그러시군요.

후지모토: 도쿄 아파트먼트도 처음에는 그저 집이 쌓여 있다는 아이디어뿐

이었어요. 하긴 지금도 그렇긴 하지만요(웃음). 설계할 당시에는 그다지 확신이 들지 않았습니다. 그러나 지붕 위로 오르내리는 움직임이 생겨났을 때 처음으로 '이 주택은 도쿄의 새로운 형태라고 할 만하다'며 스스로 납득하게 되었죠.

'집을 그저 쌓아 올린' 이 형태에는 거역하기 힘든 파워가 존재한다는 느낌이에요. 사물의 성립은 대단히 심플하지만 그 이유는 모르는 느낌, 그럼에도 그냥 내버려두면 인간이 사는 장소 전부가 그렇게 될 듯한 박력이 있다고나 할까요?

요컨대 사물의 성립과 현상의 체험이 서로를 새롭게 만들어가는 상태에 흥미가 있는 거죠. 그리고 이런 것은 건축이 아니라면 불가능하지 않겠는가, 하는 생각까지 듭니다.

> -현상이라는 것에 중점을 두는 듯하군요. 관계성이라든가 거리감을 말할 때, 거기에서 분출되는 것은 보통 건축이 그러하다고 인식되는 정적인 것이 아니라, 신체가 움직일 때 매 순간 변화하는 강도強度 속에서 우리를 진동시키는 것이 아닌가 생각하는데, 어떠십니까?

후지모토: 정확한 말입니다. 그것을 '현상'이라고 말해도 될 겁니다. 단, 일반적인 현상이라는 말로는 흡수되고 싶지 않아요(웃음). 거기에서부터 도망치고 있는 듯한 느낌이 듭니다. 제가 건축을 신뢰하고 있는 거겠지요. 관계성과 거리감을 말할 때, 분명 이것은 인간의 지각에 대한 문제이기 때문에 현

상이라 해도 좋을지 몰라요. 그러나 내 안에서는 그 거리감을 새로운 기하학의 문제로 포착하고 싶다는 생각을 해요. 인간과 연관되는 기하학으로 말이지요.

최근 건축과 관계없는 사람에게 사무실 내부를 안내한 적이 있었어요. 그때 그분께 이런 말을 들었어요. "후지모토 씨는 프로젝트를 설명할 때, '여기에서부터 이렇게 움직인다'라든가, '여기서부터 이렇게 이동한다'는 식으로 말씀하시네요." 물론 제가 특별히 이런 순서로 이동해야 한다고 생각하는 것은 아닙니다. 그 공간에서 활동하는 상태를 설명하고자 하는 내 모습을 그분의 객관적인 관찰을 통해 알게 되었다는 것이지요.

-저도 그런 느낌을 받았습니다. 잡지에 실린 후지모토 씨의 건축은, 내가 움직이면서 모형의 사진이나 공간 사진을 보고 있는 듯한 느낌을 주죠. 다른 건축가의 건축에서도 항상 그런가 하면, 꼭 그렇지만은 않아요.

후지모토: 또 한 예가 있는데, 이전에 대학에서 강의할 때 "후지모토 씨의 건축은 두 사람이 있을 때 재미있다"라고 리포트에 쓴 학생이 있었어요. 예리하다고 생각했죠.

-그건 어떤 의미인가요?

후지모토: 사람이 한 명 있고, 그저 그 사람 혼자 공간을 체험한다는 현상과는 다르죠. 건너편에는 누군가가 있고, 거기에서 어떤 관계가 생겨납니다.

공간의 관계가 인간 관계로 치환되는 것이죠. 게다가 인간은 자기 마음대로 움직이기 때문에 이 공간에서 이런 식의 관계를 맺어달라고 할 수도 없습니다. 이렇듯 건축이란 자유롭게 움직이고 있는 가운데 풍부한 의미가 탄생되는 것이 아닐까 생각합니다.

모형을 볼 때도 그래요. 모형을 보고 있는 시점의 면에서도, 건너편에 단순히 아름다운 풍경이 펼쳐져 있을 때보다는 거기에 누군가 다른 한 사람이 있을 때 더 재미있어져요. 내가 움직이면 상대방도 다른 행동을 취하는 거죠. 그런 식으로 공간을 보고 있는 부분이 분명히 있는 듯해요. 그 때문에 단순히 현상이라는 것과는 약간 다릅니다. 그래서 다른 단어를 찾고 싶어요. '구조적인 현상' 정도면 어떨까 싶네요.

-방금 풍부함이란 말이 나왔는데, 공간을 체험할 때 느끼는 감정적 진동 같은 것이 신체적인 어떤 기쁨을 가져오길 바라시나요?

후지모토: 그런 마음이 상당히 커요. 제가 행운이라고 느끼는 것은 건축주들이 제가 제안한 설계안을 보고 재미있겠다는 반응을 보이며, 실제 건축으로 실현되는 예가 비교적 많다는 것이죠.

아마 그것은 내가 거주자의 입장에서 정말로 재미있다고 느끼는 것을 만들기 때문일 거예요. 그리고 또 하나는 건축을 만드는 사람으로서 새로운 것을 만들거나 새로운 방식에 도전하는 일을 상당히 즐긴다는 점도 있고요. 제가 가장 행복한 상태는 설계하는 나와 거주하는 나라는 양쪽의 자아가 서로의 특성을 잘 살려줄 때예요. 예를 들어 미스 반데어로에의 건축을 제대로 재현했다고 했을 때, 그것이 분명 좋은 건축이 될 수는 있겠지만 방식이나 도전의 면에서는 재미가 없죠. 그렇기 때문에 그런 식으로 재현된 것들에는 파워가 결여된다고 생각해요. 우리가 새로운 건축을 추구하는 것은 그런 이유 때문일 거예요. 좋은 건축이 지닌 파워보다는 새로운 장점을 지닌 건축의 파워가 더 크죠. 더군다나 만드는 사람과 거주자 모두를 놀라게 하는 새로움을 지닌 건축의 파워는 대단히 큽니다. "이런 식의 건축도 가능하군요", "그렇게 하니까 이런 즐거움이 생기네요"라는 반응이 온다면 내 스스로도 자신감을 갖고 프레젠테이션하게 되고요. 또 건축주도 '이런 즐거움이 생기다니. 게다가 한 번도 본 적 없는 건축이다'라고 생각한다면, 그 즐거움을 공유하게 되는 거죠.

그런 의미에서 신체적인 즐거움이 중요합니다. 그리고 이러한 신체적인 즐거움을 찾아볼 수 있는 것이 르코르뷔지에의 건축이고요. 경사로를 이용한다거나 이런저런 곳에 암시적인 것들이 있어, 작년에 사보아 주택을 방문했을 때에도 역시 좋다는 생각이 들더군요.

위대하고 순결한 성립 과정

-현상에 대해 이야기할 때, 소재란 것이 커다란 요소로 등장한다고 봅니다. 그러나 관계성이나 거리감에 비교했을 때 소재에 대한 이야기가 적다는 인상도 들어요.

후지모토: 소재에 대한 문제는 어려운 부분이에요. 저 역시 최근에 들어서야 비로소 의식적으로 소재 문제에 대해 고민하기 시작했어요. 그 하나가 구마

모토 아트폴리스 차세대 목조 방갈로죠. 지금 거의 완공되어가고 있는데, 계획 단계에서는 베어낸 나무가 단순히 쌓여 있다는 것뿐이었어요. 그때 새롭고 순결한 성립 과정에 대한 생각이 들었습니다. 즉 그것은 나무의 질감이 이렇다 저렇다는 것보다, 그것이 그저 베어져 그곳에 놓여 있다는 과정과 질감, 그리고 공간이 각자를 제대로 존중하고 있는 듯한 느낌이 들었어요. 그래서 기뻤습니다.

그 뒤 퀼른을 방문해 최근 페터 줌토르Peter Zumthor가 만든 작은 교회를 보았어요. 현대의 건축으로는 전혀 보이지 않는 건축물이었습니다. 콘크리트이기에 소재로서는 현대적이지만 건물이 서 있는 모습은 문명 이전의 누군가가 만든 돌덩이 같은 느낌이었죠. 근처에 다가가니 지구의 일부를 쌓아 올린 듯한 느낌이 들었습니다. 그리고 이 역시 순결한 성립 과정으로 보였습니다.

> -혹시 그것은 책 중간에 후지모리 데루노부 씨가 마지막으로 언급한 '시간의 문제'에 대한 것과 연관되는 것인가요? 르 토로네 수도원에 대한 이야기가 나왔던….

후지모토: "시간을 위장僞裝한다"는 말이 나왔지요. 그러나 그렇다기보다는, 건축 과정을 통해 시간을 내포시킨다는 것을 말하고자 했어요. '만든 직후의 것이지만 1000년, 2000년의 시간이 내포되는 일도 있을 수 있지 않을까?' 페터 줌토르의 교회나 목조 방갈로를 본 순간 그런 느낌이 들었죠.

이 부분이 질감과 어떤 관계를 맺고 있는지는 알 수 없지만, 질감이라는 것은 사물이 그곳에 존재한다는 뜻이죠. 그러므로 질감을 현상적으로 보지 않고 성립 과정의 일부로 봐요. 그 성립 과정에서 필요하다면 질감을 지우고 백지 상태로 하는 경우도 가능하다고 봅니다. 그러므로 건축 소재의 중요성을 크게 느껴요. 소재는 각자 성립 과정을 지니고 있어요. 그 성립 과정을 건축의 성립 과정과 공명하게 만드는 것이 가능하다면 그야말로 재미있어지겠죠. 소재의 질감만으로 무언가를 연출하는 일에는 흥미가 없지만, 성립 과정을 수반하는 소재라는 점에는 역시 재미를 느낍니다. 목조 방갈로나 르 토로네 수도원을 보면서 그것을 강하게 느꼈던 거죠.

제게 르 토로네 수도원만큼 흥미로운 건축은 런던에 있는 존 손 박물관이에요. 존 손 박물관은 인테리어 디자인이라고 말해도 좋을 건축입니다. 그 속의 전시물들은 시간성이 박탈된 것들이 그저 그 자리에 놓여 있을 뿐이라는 느낌이죠. 그리고 그곳에는 기묘한 공간이 존재합니다. 공간이 있어야 할 곳에 사물이 있고, 또 다른 하나의 공간이 그곳에 만들어져 있다고나 할까요. 공간이 마치 거품처럼 몇 겹으로 펼쳐져 있어 사물의 기묘한 질감이라고 할까, 얼굴이나 팔의 조각이라든가 장식품 등, 사물 하나하나의 질감이 상당히 중요한 요소죠.

    -저는 그런 곳에 가면 밀도가 지나치게 높아서 약간 숨이 막히기도 해요.

후지모토: 저는 참 좋았어요. 그저 보기만 할 때는 전혀 흥미가 없었고 괴짜 수집가가 만든 '마이 홈'이구나 생각했지만, 막상 가서 보니 전혀 달랐어

요. 새로운 성립 과정이 있었거든요.

음악 같은 건축

-관계성을 설명할 때, 오선 악보를 예로 드셨죠. 음악을 구성하는 음표라는 요소가 이웃하는 음표와 어떤 관계를 맺고, 그 연속적인 관계 속에서 음악이 이루어진다고 봅니다. 후지모토 씨는 자신의 건축이 음악과 같은 것이길 바라시는지요?

후지모토: 음악에는 형식 그 자체가 내용이며 현상이며 질감이라고 할 만한 부분이 있다고 봐요. 컴퓨터 프로그램도 마찬가지고요. 어떤 면에서는 부럽기도 한 부분입니다.

그러나 건축에서 재미있는 부분은 그곳에 결정적인 '어긋남'이 생기는 경우가 아닐까 싶어요. 조금 전의 질감에 대한 이야기도 그랬듯, 콘셉트와 건축 사이에는 꽤 큰 간격이 있습니다. 게다가 정체를 모르겠는 존재가 완성되기도 하죠. 그러므로 음악처럼 만들었다간 의외로 마음에 들지 않을 수도 있다는 생각도 들어요. 아니, 마음에 들지 않을 거라기보다는, 지루하리라는 생각이 드네요.

음악이나 수학이 지닌 강한 형식성을 동경하지만, 내 사고가 항상 그것에서 어긋난 방식으로 흐른다는 느낌이에요.

-그러시군요. 후지모토 씨의 악보는 항상 같은 것인가요?

후지모토: 같은 겁니다.

-뭔가 특별한 이유가 있나요?

후지모토: 악보 아이디어는 화장실 안에서 떠올랐어요(웃음). 서둘러 만들어봐야겠다 싶었고 제일 좋아하는 곡이 좋을 거라고 생각했죠. 골드베르크변주곡의 악보를 봤더니 멋지다는 생각이 들었습니다. 그래서 곧바로 그것을 보고 만들었죠.

골드베르크변주곡의 악보를 항상 사용하는 것에 그리 깊은 의미는 없지만, 해석의 여지가 넓어지길 바랐고, 그런 면이 그 곡에 있기 때문이었어요. 마지막에서 다시 한 번 되돌아온다든가, 도중에서 전부 변주되는 등, 일반적이지 않은 형식성을 지니고 있죠. 제가 아는 것은 그 정도뿐이지만, 어떤 곡을 선택하기보다는 도입 부분이 뒤로 갈수록 제멋대로 확장되어가는 골드베르크변주곡의 특징에 대한 전략적인 생각도 있었을지 모르죠. 그래도 제일 큰 이유는 그냥 제가 그 곡을 좋아하기 때문일 거예요.

-골드베르크변주곡 대표작 중 하나인 글렌 굴드Glenn Gould의 연주를 좋아하신다고 들었습니다.

후지모토: 여동생이 피아노를 치는데, 늘 글렌 굴드가 좋다는 말을 하곤 했어요. 처음에는 흥미가 없다가, 대학 시절 글렌 굴드의 연주를 듣고 이런 놀라운 것이 세상에 있구나 싶었죠. 그 이후 자주 듣고 있어요. 말로 잘 표현하지는 못하겠지만, 뇌를 울리게 만드는 어떤 것이 있어요.

-글렌 굴드의 연주를 들으면 다른 피아니스트의 연주에 아쉬움을 느끼게 되는 것 같아요.

후지모토: 제 자신이 이런저런 것들을 들으며 비교할 만큼 그쪽에 밝지는 못해요. 하지만 제가 건축에서 현상적이며 체험적인 부분과 성립 과정의 부분이 분리되기 이전의 상태에 이끌리는 것과 글렌 굴드의 피아노는 어딘가 통한다는 느낌이 듭니다.

-또 다른 좋아하는 음악이 있다면?

후지모토: 비틀스 노래를 들으며 자랐어요. 지금도 비틀스를 좋아하고요. 다 좋아하지만 지금은 중기에서 후기에 걸친 음악을 자주 들어요. 원래는 〈서전트 페퍼스 론리 하츠 클럽 밴드Sgt.Peppers Lonely Hearts Club Band〉가 제일이라고 생각했고, 그다음이 〈더 비틀스(통상 〈화이트〉 앨범)〉였는데 나이가 들수록 화이트 앨범이 더 가슴에 와 닿네요(웃음). 비틀스의 노래는 제가 초등학교 다닐 때부터 늘 듣던 노래였고 저의 성장기와 완전히 겹치기 때문에 냉정하게 듣지 못하는 부분이 있어요. 특별히 어떤 곡과 추억이 연결된 것도 아닌데, 참 희한합니다. 이런 멋진 것이 있다는 사실을 처음으로 알게 되었다고나 할까요. 그 때문에 어딘가에서 제가 세계를 바라볼 때 기준이 되어준다는 생각이 드네요.

-그 밖에 뭐가 있을까요? 감화되었다거나 후지모토 씨가 성장해가는 가운데 중요했던 것이요.

후지모토: 밥 딜런의 노래를 들으며 그의 세계관이 멋지다는 생각을 했어요. 내 글은 아마 그의 세계관에 영향을 받았을 겁니다. 뭐랄까요, 결코 세상의 모든 것을 알 수는 없지만 언어로 기술하는 것은 가능하다는 멋진 경험이 그의 노래 속에 담겨 있는 게 아닐까 싶어요. 대단하다는 생각도 들고요. 하나의 풍경이 세계 전체와 겹친다고나 할까요.

그 후, 보르헤스의 작품을 읽으면서도 그와 비슷한 것을 느꼈습니다. 세계는 수수께끼로 가득 차 있지만, 그럼에도 언어를 가지고 기술할 수 있는 무언가가 있다는 것. 모르는 것들, 혹은 무언가 없다고 하는 상태를 신비롭고 긍정적으로 그리고 있다고나 할까요. 아마 제가 그런 것들의 영향을 받지 않았을까 싶네요. 세상 모든 것을 알 수는 없지만 그것이 구실이나 핑계가 아닌, 감각적이며 공간적으로 실감할 수 있다는 점이 보르헤스를 높이 평가하는 이유죠. 인간의 왜소함과 거대함, 아름다움과 추함 양쪽 모두를 동시에 드러내고 있으니까요.

언어란 아무리 봐도 훌륭한 존재입니다. 나쓰메 소세키夏目漱石를 좋아하는데, 언어가 실로 투명하다고나 할까요? 마치 글렌 굴드의 피아노 연주와 같은 느낌의 언어죠. 더군다나 투명하기만 한 것이 아니라 마음을 움직이기까지 하니 두려울 정도예요.

    -건축을 하는 젊은이들에게 추천하고 싶은 나쓰메 소세키의 책 한 권을 고르신다면요?

후지모토: 장편을 읽을 인내력이 없는 제가 제일 좋아하는 작품은《열흘 밤

의 꿈夢十夜》입니다. 제가 특히 좋아하는 부분은 여자 주인공이 죽겠다고 할 때 "백 년 기다려주세요"라고 하는 부분이에요(첫째 밤). 얼핏 보면 로맨틱하지만 그렇다고 단순하게 로맨틱하기만 하지는 않아요. 상당히 건조하죠. 그렇기에 세상과 연결됩니다. 로맨틱한 동시에 투명감이 느껴져, 상당히 지적이라는 생각이 들어요. 그야말로 무언가가 이루어져가는 과정 그 자체인 것이죠.

은각사銀閣寺의 정원 같은 건축

-자연과 인공물의 '사이'와도 같은 건축을 만들고 싶다는 말씀을 이 책을 통해서도 하셨습니다. 후지모토 씨가 자연과 인공물의 사이라고 말씀하실 때, 무엇을 목적으로 하고 계신지요?

후지모토: 내 안에는 '도쿄와 같은' 것이 한 가지 있어요. 혹은 '은각사의 정원 같은' 것도 있고요. 자연과 인공물의 중간 같은 것을 구성하고 싶다는 말은 아니에요. 자연과 같은 환경을 만들고 싶다는 것도 아니고요.

내가 건축을 통해 자연과 인공물의 '사이'를 유일하게 본 경험은 MIT(매사추세츠 공과대학-옮긴이)에 있는 '스타타 센터The Ray and Maria Stata Center'를 봤을 때였어요. 프랭크 게리의 작품이죠. 이런저런 것들이 뒤죽박죽 뒤엉켜 마치 정글 같은 느낌이었어요. 마침 휴일이어서 사람 그림자 하나 없었고, 건물 안에 들어갔을 때 내 자신이 그 뒤죽박죽 섞인 세계의 일부로 완벽히 섞여든 기분이 들었습니다. 게다가 위아래 여기저기 아무리 둘러봐도 그 세계란 것이 어디에서부터 시작해서 어디에서 끝나는지도 알 수 없었어요. 그 기묘한 세계가 어디까지나 이어지는 느낌이었죠. 지금까지 한 번도 체험한 적 없는 무언가라는 생각이 들어 무척 놀랐어요.

그 후 은각사의 정원에서도 스타타 센터에서 경험한 것과 같은 종류의 체험을 했습니다. 굳이 나눈다면, 은각사의 정원은 한없이 자연에 가까운 쪽이지만, 사람의 손길이 들어가 있지요. 그 때문에 자연 그대로의 산속을 여유롭게 걷는 것과는 전혀 달라요. 한 발 한 발 걸을 때마다 생각지도 못한 방향에서 불시에 얻어맞는 느낌이라고나 할까요. 얻어맞는 까닭을 전혀 알지 못한 채 엉망진창으로 되돌아오는 것 같은 느낌이죠.

아름답다든가 아름답지 않다든가 하는 종류의 느낌이 아니에요. 세상에 있는 더러운 것, 불쾌한 것, 아름다운 것, 그리고 아름답지도 더럽지도 않은 어중간한 것까지 전부 그 속에 존재한다고 하는 박력 같은 것이 있었어요. 프랭크 게리의 건축이나 은각사의 정원에 말이죠. 근대 건축이란 결국 세상의 아름다움을 형태로 만들고자 했다는 생각이 듭니다. 하지만 사실 건축이란 보다 더 큰 것이 아닐까요?

프랭크 게리와 르코르뷔지에의 후기 작품은 세상의 아름다움에서 한 걸음 더 나아갔다고 생각합니다. 조금 전에 보르헤스를 언급할 때, 세상의 거대함에 대해 이야기했는데요, 건축이 바로 그런 세계입니다. 최근에는 고딕 건축에서도 그러한 박력을 느끼곤 해요. 그곳에 어떤 세계를 만들고자 하기보다는, 세계가 이렇게 되어 있는 이상 이런 건축이 되어버릴 수밖에 없었다고 하는, 즉 그 누구도 컨트롤할 수 없을 만큼 엉망진창인 세계를 입체로 완성시킨 것 같은 느낌이에요. 이런 느낌, 참 멋지죠. 그리고 도쿄가 바로 그런 느낌이라고 생각하고요.

-르코르뷔지에가 한 걸음 더 나아갔다는 말씀은 어떤 의미인가요?

후지모토: 롱샹 교회 때문이죠. 요전에 보러 갔을 때, 역시 롱샹은 최고라는 생각을 했습니다. 틀림없이 인간이 만든 것이라는 느낌이 상당히 강했지만, 동시에 인간이 세상에 나오기 전부터 존재하던 건축은 아닐까라는 느낌도 있었어요. 그 두 가지 느낌이 대등한 거리에서 가슴을 쳤습니다. 르코르뷔지에는 매우 지적인 사람이었기 때문에 자신의 세계관을 통해 건축을 만든 사람이었으리라 생각해요. 그러나 롱샹 교회는 물론, 마르세유의 유니테 다비타시옹 역시 그 세계관을 초월하고자 하는 부분이 있다고 봅니다. 롱샹 교회를 보고 기뻤어요. 또 전혀 다른 방향에서 '지구와 르코르뷔지에가 한 몸이 되었구나' 혹은 '지구와 교신하고 있구나' 하는 느낌이 들었거든요.

-'세상의 비밀과 대면했다'는 느낌인가요?

후지모토: 맞아요. 그런 느낌이었어요. 롱샹 교회는 건축이라는 틀에 포함되지 않거든요. 저는 고딕건축이 '건축'이 아니라고 생각하고 있어요. 건축이라는 틀을 완전히 넘어섰죠. 도무지 뭐가 뭔지 모르는 것이 되어버렸기 때문에 건축의 양식으로 말하는 게 실례라는 느낌입니다.

건축을 넘어선 〈바벨의 도서관〉

-이전에 말씀을 여쭈었을 때, 건축에는 없는 깊이를 가진 것으로 도서관과 대성당을 드셨습니다. 건축의 틀을 넘어섰다는 그런 의미인가요?

후지모토: 네, '건축'을 완전히 넘어선 존재. 건축이라는 세계 속에 도서관이 존재하는 것이 아니라, 도서관 속에 건축이 존재하며 대성당 속의 아주 작은 일부에 건축이 존재한다는 의미죠.

특히 도서관의 경우, 제게는 보르헤스의 도서관(보르헤스의 단편 〈바벨의 도서관〉을 말한다)이 큰 의미로 다가옵니다. 세상에 현존하는 도서관은 물론, 고대의 알렉산드리아 도서관 같은 것을 전부 포함시킨다고 해도, 궁극의 도서관은 역시 '바벨의 도서관'이라고 생각해요. 도서관에는 건축을 넘어서는 면이 있으리라는 생각이 들어요. 사실 이 도서관(무사시노 미술대학 미술 자료 도서관-옮긴이)의 건축 방식은 이제까지 제가 만든 건축 방식과 약간 달라요. 도서관이든 다른 건축이든 지금까지 제가 가장 우선시한 것은 '건축' 그 자체였습니다. 건축의 근원이라는 부분에서 시작했죠. 그러나 이 도서관은 '이런 도서관이었으면 한다'는 방식으로부터 만들었습니다. 아무리 건축의 근원을 이야기한다고 해도, 그 반대편에서 도서관이라는 것이 떡하니 입을 벌리고 있는 듯한 느낌이 들었어요. 그 때문에 건축적인 제안을 한다는 것이 대단히 작은 게임과도 같다는 기분이 들었습니다. '이렇게 된 이상 보르헤스의 도서관을 만드는 수밖에 없다!' 이유를 알 수 없는 굳은 결심을 하게 되고 말았죠.

-이 도서관에 대해 '구불구불 구부러진 형태'라는 식으로 쓰셨는데, 육각형에 가까운 형태죠?

후지모토: 이 건축안과 보르헤스가 기술한 바벨의 도서관 사이에는 기하학적인 관계성이 전혀 없어요. 보르헤스의 도서관은 무한히 반복되는 벌집 모양의 세계지만, 여기서는 그런 기하학적 형식을 제쳐둡니다. 세계가 오직 책으로 가득 차 있고, 이것이 어떤 종류의 유한하면서도 무한한 무언가를 지니고 있는 기묘한 장소라는 의미에서 '바벨의 도서관'에 연결됩니다.

　　-'바벨의 도서관'이라는 단편에 '여기는 무한하다'는 식의 기술이 있잖아요.

후지모토: 네. 그래요. 하지만 무한하지 않아요. 어떤 면에서는 유한합니다. 그리고 바로 그 지점이 신비로운 부분이고요. 거기에서는 유한하다는 것과 무한하다는 것이 별개가 아니니까요.

언어와 건축 사이

2010. 6. 10. 후지모토 소우

건축을 설계할 때, 언어를 발판으로 사용하기 시작한 것은 아마 대학 졸업 후부터였을 것이다. 대학 시절에는 닥치는 대로 모형과 건축 플랜을 만들곤 했다. 그러나 졸업 설계에서 비교적 오랜 기간에 걸쳐 프로젝트를 고민하는 동안, 어떤 단어 하나가 계기가 되어 시야가 열린다거나, 의외의 형태가 탄생되는 것의 재미를 경험했다. 그리고 또한 내가 만들고 있는 것에 어떤 단어나 설명을 부여하는 일을 통해 그 사물의 의미가 사물 그 자체를 넘어보다 더 넓은 의미로 확장된다는 신비로움에 놀랐다. 대학 졸업 후 얼마 동안은 혼자 설계 작업을 했다. 워드 프로세서로 문장을 입력하는 행위를 통해 그 문장은 이른바 '타자'가 되었다. 그리고 나의 대화 상대가 되고, 사고를 움직이게 하는 힘이 된다는 사실을 알았다. 그 이후 건축을 고민할 때, 항상 언어와 형태 사이를 서로 오가고 있다. 이는 직원이 늘어난 지금도 마찬가지다. 많은 직원과 건축을 공유하고, 오해하고, 재발견하기 위해서도 언어의 힘은 점점 더 중요해졌다고 생각한다.

제1부 대부분의 문장은 연대순으로 되어 있다. 이는 하나의 아이디어가 무언가를 계기로 다음 언어로 연결되고, 그 언어가 다시 다른 형태를 만들어낸다는 식으로 '언어와 건축이 서로를 자극하며 변화해가는 모습'이 엿보이지 않을까 싶어서였다. 한 단어가 여러 의미를 지닌 채 다양한 건축에서 변화해가며, 전혀 다른 단어가 어떤 건축을 계기로 연결되며 새로운 의미를 머금게 된다. 그러므로 이 책 전체를 한 단어에 대한 무한한 변주곡의 일부라고 말할 수도 있을 것이다. 그러나 그 한 단어를 나는 결코 알 수 없을 것이다. 혹은 언어와 형태의 무한한 상호작용이라 해도 좋다. 본문 제일 처음에 둔 프리미티프 퓨처만이 연대순에서 벗어났다. 그 글에 내 모든 사고의 에센스를 응축하고 있는 부분이 있기에 글의 도입 역할을 의도해 그렇게 했다.

이번에는 가능한 한 많은 도판을 본문에 넣으려 했다. 제1부의 글 대부분은 개별 건축 프로젝트의 해설이라는 형태로 쓴 것이기 때문이다. 도판이 들어가면 작은 작품집 같은 분위기를 풍기지 않을까 생각했다. 예전에 출품했던 아이디어 공모전 때 쓴 글부터 SD 리뷰(1982년부터 매년 개최되는 건축 공모전 중 하나-옮긴이)에 출품하기만 하고 잘 알려져 있지 않은 프로젝트까지, 거의 대부분의 프로젝트를 망라했다. 약간 부끄럽기도 했지만 새삼 다시 읽어보니, 작은 미완성의 프로젝트를 지속해가는 것이 어떨 때에는 중요하고 큰 프로젝트와 연결되었다는 사실을 알 수 있었다. 그 흔적을 스스로 다시 인식했다는 의미도 있었다. 제2부에는 내가 감동했던 건축이나 사건에 대한 글이 많다. 자신의 건축에 대해 쓰는 것 이상으로 고민을 거듭한 부분이었다.

이 책에 정리한 거의 대부분의 글을 내가 쓰기는 했지만, 잡지나 서적 등에서 '쓸 기회'와 우연히 만나 처음으로 내 안에서 끄집어낸 것들이다. 글이란 세상에 나오기 전까지, 그것이 자신 안에 있다는 사실을 인식할 수 없는 것이기도 하다. 그런 의미에서 이런 글들을 쓸 기회를 준 잡지 관계자와 편집자 여러분, 그리고 이 책의 기획에서부터 편집까지 모든 것을 맡아주신 야마기시 씨에게 깊은 감사를 드리고 싶다.

프리미티브 퓨처-〈건축 문화〉 2003.8

네트워크 바이 워크-〈신건축〉 1998.3

집인 동시에 도시-〈신건축〉 1998.11

부분과 부분의 관계성에 의한 새로운 질서-〈신건축〉 1999.12

숲 속에 펼쳐진 '약한 건축'-〈신건축〉 2000.3

'모호한 영역의 건축'에 대한 실험-〈SD〉 2000.12

부분의 건축-〈JA〉 2001.10

모호함의 주택, 거주를 위한 지형-〈SD〉 2000.12

'사이'를 겉으로 드러나게 하다 + 하나의 형태, 몇 가지의 관계-〈SD 리뷰〉 2002

거처 / 거리감-〈신건축〉 2003.8

하나의 공간인 동시에 여러 장소이기도 한 곳-〈신건축〉 2003.10

부풀어 오르는 것 같은 중축의 방식-〈SD 리뷰〉 2003

부분과 전체-〈신건축〉 2004.2

사람이 살기 위한 장소를 다시 정의하다-〈건축 문화〉 2004.4

의도 없는 공간-〈신건축〉 2004.9

떨어짐과 이어짐, 그 사이의 무수한 조화+가능성의 지형-〈신건축〉 2005.5

새로운 성립-〈신건축〉 2006.3

새로운 좌표계-〈신건축〉 2005.8

불완전함을 만들어내는 것-열린 계통, 공간의 원형-〈신건축〉 2006.5

가장 정밀한 것이 가장 모호하고, 가장 질서 정연한 것이 가장 난해하다+관계성의 정원 / 정글의 기하학-〈신건축〉 2006.9

도쿄에 세운 도쿄와 같은 건축+내부와 외부 사이의 모호한 장소-〈주택 특집〉 2007.1

집, 거리, 자연이 분화되기 이전의 무언가를 향해 거슬러 올라가다-〈신건축〉 2007.11

분화되지 않는 것+하나의 소재, 하나의 방식+공간으로만 만든 건축-〈신건축〉 2008.9

인간이 살기 위한 장소, 그것의 총체로서의 건축-〈신건축〉 2009.1

생태계 같은 성장 과정-〈디테일 별책〉 2009.12

사물과 빛이 분리되기 이전의 장소-〈a+u〉 2008.4

'이사무 노구치'라는 시간-〈x-KnowledgeHome no2 이사무 노구치 탄생 100주년〉 2004.7

절대적인 타자로서의 건축-《주택 70년대・잘못된 개화》(XKonwledge 출판) 2006.2

영원과 일상을 이어주는 것-〈신건축〉 2008.6

열린 완벽함-〈신건축〉 2005.9

루이스 칸-〈건축 문화〉 2004.8

도쿄의 벚꽃-《건축 MAP 도쿄 2》(TOTO 출판) 2003.8

'모호함의 건축'을 지향하며-〈디테일 재팬〉 2007.7

공간, 질서, 연약함 그리고 건축-〈10+1〉 2005.4

새로운 '과정'을 만들어내고 싶다-〈디테일 재팬〉 2008.6

(본서에 수록하며 제목이 일부 바뀌었습니다.)

건축이 태어나는 순간

1판 1쇄 발행	2012년 11월 23일
1판 6쇄 발행	2024년 7월 5일
지은이	후지모토 소우
옮긴이	정영희
펴낸이	이영혜
펴낸곳	디자인하우스
편집장	김선영
홍보마케팅	윤지호
영업	문상식, 소은주
제작	정현석, 민나영
라이프스타일부문장	이영임
출판등록	1977년 8월 19일, 제2-208호
주소	서울시 중구 동호로 272
대표전화	02-2275-6151
영업부직통	02-2262-7137
인스타그램	instagram.com/dh_book
홈페이지	designhouse.co.kr

ISBN 978-89-7041-594-9 93610

KENCHIKU GA UMARERU TOKI by Sou Fujimoto
Copyright © 2010 by Sou Fujimoto
All rights reserved.
Originally published in Japan by Okokusha Co., Ltd.
Korea translation rights arranged with Okokusha Co., Ltd.
through Bestun Korea Agency
Korean translation rights © 2012 Design House Inc.

- 책값은 뒤표지에 있습니다.
- 이 책 내용의 일부 또는 전부를 재사용하려면 반드시 디자인하우스의 동의를 얻어야 합니다.
- 잘못 만들어진 책은 구입하신 서점에서 교환해 드립니다.